The Art of Thinking In 11 Systems

堂极简系统思维课

怎样成为解决问题的高手

[罗] 史蒂文·舒斯特 Steven Schuster 著

中国青年出版社
CHINA YOUTH PRESS

图书在版编目(CIP)数据

11堂极简系统思维课：怎样成为解决问题的高手/（罗）史蒂文·舒斯特著；李江艳译.
—北京：中国青年出版社，2019.1
书名原文：The Art of Thinking in Systems
ISBN 978-7-5153-5276-3

Ⅰ.①1… Ⅱ.①史…②李… Ⅲ.①思维方法 Ⅳ.①B80

中国版本图书馆CIP数据核字（2018）第198945号

The Art of Thinking in Systems
Copyright © 2018 by Steven Schuster
Simplified Chinese translation copyright © 2019 China Youth Press
All rights reserved.

11堂极简系统思维课：
怎样成为解决问题的高手

作　　者：	［罗］史蒂文·舒斯特
译　　者：	李江艳
责任编辑：	肖　佳
美术编辑：	张燕楠
出　　版：	中国青年出版社
发　　行：	北京中青文文化传媒有限公司
电　　话：	010-65516873 / 65518035
公司网址：	www.cyb.com.cn
购书网址：	zqwts.tmall.com
印　　刷：	大厂回族自治县益利印刷有限公司
版　　次：	2019年1月第1版
印　　次：	2024年11月第6次印刷
开　　本：	880mm×1230mm　1/32
字　　数：	60千字
印　　张：	5
京权图字：	01-2018-5133
书　　号：	ISBN 978-7-5153-5276-3
定　　价：	33.00元

版权声明

未经出版人事先书面许可，对本出版物的任何部分不得以任何方式或途径复制或传播，包括但不限于复印、录制、录音，或通过任何数据库、在线信息、数字化产品或可检索的系统。

中青版图书，版权所有，盗版必究

目 录

序　言	为什么你应该学习"系统思维" / 万维钢	005
前　言	换一个镜头观察我们这个世界	015

第 1 课　什么是系统思维　　　　　　　　　　021

第 2 课　系统思维的要素　　　　　　　　　　031

第 3 课　思维的类型　　　　　　　　　　　　045

第 4 课　如何从线性思维转变为系统思维　　　057

第 5 课　理解系统行为　　　　　　　　　　　067

第 6 课　系统错误　　　　　　　　　　　　　081

第 7 课　衰退中的系统　　　　　　　　　　　093

Contents

第 8 课　升级	101
第 9 课　有钱人为什么会越来越有钱	109
第 10 课　人际关系中的系统思维	119
第 11 课　系统思维的关键启示	131
结　　语	143
参考文献	147
尾　　注	151

序 言

为什么你应该学习"系统思维"

万维钢(科学作家、"得到"APP《精英日课》专栏作者)

这是一本讲系统思维的入门级的书,书中的思想都是比较基础、通俗易懂的。但是我敢说,这些思想远远没有达到普及的程度。绝大多数最需要系统思维的人——比如说政府官员——不懂系统思维。

你肯定知道"系统"。你可能经常使用"计算机系统"、"医疗系统"这些说法。一堆互相之间有关联的东西,如果我们说这是一个"系统",其中似乎就应该有一些高级

Foreword

的说道。那是什么说道呢？可能一般人只是觉得这么说更正式而已。

系统思维，并不是我们中国传统文化的一部分……事实上任何一个传统文化里都没有系统思维。你不会在东西方的经典里发现系统思维的智慧，古代圣贤没说过有关系统思维的名言。系统思维是个完全现代化的思想，过去这几十年才刚刚成熟起来。

到底什么是系统思维？既然古人没有这个思想日子也照样过，为什么现代人应该学习系统思维呢？我想给你简单说说。

人的思维习惯，一般情况下考虑问题，都是只考虑一个东西。

这个工具怎么用，这件衣服好不好看，这个人可不可以信任，这个店铺值多少钱……你把这一个东西搞明白了，问题通常也就解决了。

这个思维习惯非常强大，以至于当我们面临明明是好多东西的问题的时候，也是从"一个东西"入手。

我们常常把一群人或者一个组织，默默地当作一个人。

比如说"球队休息得不错""咱们公司现在是高速成长""敌人军心涣散不堪一击"，其实都是用一个拟人的形象代表了一大堆东西。这种思维其实还是在研究"一个东西"。

如果非得深入到内部去研究一堆东西，我们又习惯于把这一堆东西的运行机制给归结到一个人身上。比如"领导干部要起带头作用""榜样的力量是无穷的""兵熊熊一个将熊熊一窝""君子之德风，小人之德草"，说的都是想让一个人去带动一堆东西，这仍然是"一个东西"思维。

那如果出了问题，原因通常也就只有一个，而且通常是因为有"坏人"。公司业绩不行，那肯定是CEO没能耐。长平之战四十万赵军被灭，那是因为主将赵括纸上谈兵。

这种把什么事儿都归结于一个东西的思维，我们可以叫做"线性思维"。线性思维很多时候是好使的。比如现在突然爆发了一个传染病，那你最需要解决的就是这个病毒的问题，病毒就是这个坏人。找到病毒的抗体，问题就能解决。

古人的思维能力，基本上就到这里了。只能看到一个东西。很多领导要求手下"团结如一人""如臂指使""统

Foreword

一思想"，除了团结有时候真有好处之外，大约也有思维方式的原因。把一堆东西变成一个，他才能思考。

但真实世界并不总是这样的——事实上，真实世界通常不是这样的。

比如说，让你管理一个自然保护区，你要怎么做，才能把它给做大做强呢？保护区里有老虎，有鹿，有草地。

你不可能把这些东西当作一个东西。老虎和鹿不可能团结如一人。老虎太多，鹿就会大幅度减少，那是你不愿看到的。可是如果老虎太少，鹿没了天敌就可能大量繁殖，那草地又受不了。你要怎么做，才能让保护区和谐地、可持续地发展呢？

这就是系统思维出场的时刻。首先你得把保护区看做一个"系统"，而不是一个东西。所谓"系统"，关键就在于它不仅仅是一大堆东西在一起，而必须是这些东西之间要存在强烈的关联。你把其中任何一个东西弄得再明白也没用——你必须厘清各个东西之间的关系，才能解决系统的问题。

线性思维考虑的是一个点。系统思维考虑的是很多个不同的点，以及这些点之间的关系。

系统思维不属于任何一个传统的学科，不是物理学，不是数学，不是哲学也不是通常的管理学。系统可以是一个生态环境、一个公司、一个学校、一个经济体，或者是你自己的一堆工作。这些系统看起来非常不一样，什么领域都有，但是它们内部的互动关系，有一些共同的特征。

比如说，系统内部有各个部门——或者叫做"要素"。这些部门有一个共同的大目标，比如说所有中国人都希望中国经济发展得越来越好，所有生物都希望一个生态环境是美好的。但与此同时，各个部门又都有各自的利益和小目标。这些小目标不会跟系统的大目标完全一致。

那么当一个领导说各个部门要"齐头并进"的时候，他可能根本不知道自己在说什么。有些部门获得的资源增加，有些部门的资源就得减少。有创新，就得有淘汰。系统中各个部门不一定都有自由意志，但是它们不会都按照你的意志行事。

再进一步，系统的各个要素之间，通常有比较稳定的关系。老虎总是吃鹿的，校长总是管着老师，而学生不能

Foreword

管老师。

系统思维,会从这些关系之中寻找"反馈回路"。如果你关注系统中某个量的库存,那么正反馈回路会让这个库存不断地增加或者减少,而负反馈回路则总是想要把库存维持在一个稳定的水平上。

书中有很多具体的例子,咱们随便说个简单的。比如说赚钱。你库存的钱越多,就可以用更多的钱去投资,你投资产生的利润就越多;利润越多,你的钱又会进一步增多。投资——赚钱——投资,这就是一个正反馈回路。反过来说,税收则是一个负反馈回路。钱越多,你要交的税就越多,这样你攒钱的速度就会稍微放缓一点,同时政府还可以用税收给没有钱的人发一点福利,这样贫富差距不至于太大,系统才能持续发展。

"反馈"这个思想古代也有,有识之士能意识到土地兼并导致"富者愈富、贫者愈贫"的机制。但是,古人常常会因此把富人视为坏人,认为要想解决问题就得解决富人,这就不是系统思维了。真正的系统思维不但要通盘考虑穷人和富人,还得考虑系统中土地、商品、资源、就业、环境等等一系列的要素和它们之间的关系，这种意识古人就不行了。

只有到了现代，我们才有能力去影响一个系统，我们才有机会用系统的眼光考虑问题。

首先你得超越只看"一个东西"的线性思维。很多系统出问题不是因为其中哪个东西坏了，而是东西和东西之间的关系没有理顺。

那么你就会知道，直接的命令，往往是解决系统问题的下策。国民生育率低，那就直接命令妇女多生孩子，这行吗？使用某种反馈机制刺激、调整系统内部的价值观，才是更好的办法。

反馈回路是系统思维的关键。特别是负反馈回路，它能维持系统的稳定运行。如果一个系统发生衰败，你应该首先考察是不是有个负反馈回路有问题。

一个系统不是一个人，政府不是家庭，治大国不是烹小鲜。掌握了系统思维，你就会遏制自己想让一个系统变成一个东西的思维惯性。你会意识到好的系统并不是整齐划一的。最好的系统应该充满活力，各个部门有自组织能

力,整个系统有演化和抗打击的能力,上下级的关系能够达到某种平衡,而不是一切行动听指挥。

你会发现系统思维跟现在流行的一些新概念都是有联系的,比如说"涌现""去中心化""多样性"等等。而在系统思维这个框架下,你也许能把这些概念融会贯通。

当然不是所有人都有机会去管理一个公司,更不用说治理国家了。但是系统思维对个人也有用。我以前在《精英日课》专栏讲过,美国作家、"呆伯特"系列漫画的作者斯科特·亚当斯(Scott Adams)就把自己的写作事业当作一个系统。

"系统"的意思是亚当斯并不在乎某一个作品能给自己带来多少收入,他在乎的是怎么让自己的写作系统发展起来。他不停地写和画,他测试各种写作技巧。他积累的系统要素不是稿费,而是技艺和声望。

我还讲过,效法亚当斯,你可以把自己的"运气"当作一个系统去经营。只要坚持做正确的事情——也就是大概率能让你"赢"的事情——不计一城一池之得失,不被短期的波动影响情绪,那么长期下来,你就会是一个运气好的人。

所以你看，只要你能意识到系统中有很多很多东西，其中一个单个的东西并不重要，这一点就已经能让你想明白很多事情了。

而如果你有机会做更大的事情，去左右自己之外的系统，那么掌握一点系统思维，对你和对别人，都是幸运的！

前 言

换一个镜头观察我们这个世界

你希望自己拥有更复杂深刻的思考方式吗？你想知道为什么某些发生在你身上的事情有时似乎是偶然的，而有时却似乎是注定的吗？你希望在找到无人发现的捷径上更有效率吗？你是否想改善人际关系？你是否理解某些争吵发生的真实原因是什么？如果我告诉你其实这一切可以通过更聪明而不是更努力的方式来实现，你会怎么想？我还没遇到哪一个人不是迫不及待地对我说"快告诉我！"当然，我也希望自己的生活中也拥有这些。我写这本书就是

Introduction

想说明如何只通过转变你的思维就能实现这一点。这种转变就是将你理解这个世界的思维方式转变成系统思维。

我们周围的一切都是系统的一部分。系统是所有抽象事物和具体事物的组合以及这些事物之间的相互关系。系统思维可以用来审视和分析我们自己及周围的事物,并加以改善。它要求我们无论是在宏观还是微观方面,都要更善于观察和意识到影响我们的事物,然后愿意采取必要措施来应对我们在生活的道路上遇到的障碍。

你的整个人生就是一个系统,它由许多相互作用的部分组成。首先是一些实物,比如你的身体以及周围你可以触摸到的东西:你的房子、汽车、衣服、手机、书籍等。然后我们再加上那些抽象事物:你的信仰、信念、想法和价值观——这些定义了你的内在自我,使你成为了你。最后,让我们把生活中那些你无法完全控制的事情结合进来,比如你的人际关系、健康、财务等。所有这些一起协作构成了你的人生系统。

通过制作图表的方式理解系统思维常常是非常有帮助的,这样可以将整个系统中事物之间如何相互影响和协作

前言

变得形象化，并能使我们更好地去理解它们。只有这样，我们才能够真正开始分解和分析我们的系统，进而改善它们。系统思维并不是一朝一夕就可以轻易实现的。它是一种看待世界的方式，需要时间去培养和发展。

让我们先从把你的生活想象成一个系统开始吧。当你制作这一系统的图表，列出你的生活组成部分时，从你几乎每天都会遇到的人和几乎每天都会做的事情开始考虑，因为所有这些对你的生活系统产生巨大的影响。你的列表可以这样开始：

你（你的身体）	老板/同事	睡眠
朋友	职业	食物
家人	卫生	运动锻炼

虽然你已有一个很好的开始，不过这份以一个系统形式列出的你生活的清单还远远没有完成（尽管从表面

Introduction

看来你的清单似乎是完成了）。你还需要添加更多内容，例如：

宠物	信仰	信念
汽车	房子	衣服
健康	财富	忧虑
电视	认识的人	交通
书籍	报纸	网络
教育	账单	社交媒体
天气	价格/成本	世界大事
金融市场	恐惧	食品杂物购买

现在将这两个列表合起来应该更接近于生活系统的准确表达，但这绝不是一份详尽无遗的清单。因为每个人的生活系统都是独一无二的。

一旦你画了、写了或制定出了你的清单，你就可以开始着手分析它了。现在的妙处是你会更多地意识到那些影响你生活系统的事物。你使用时间的方式会变得协调，也会做出改进来提高你的效率以及帮助你实现目标。你能更

前言

清楚地了解你生活系统中的各个部分是如何互相影响，并最终影响了你的生活。你将开始做出一些积极的改变。如果不以系统思维的方式看待这个世界，你可能永远意识不到你需要这些改变。

系统思维的核心就是用我们以前从未用过的方式去看待问题。这是一种对事物皆有联系的认识，我们应该将事物视为一个整体而不仅仅是一组各自独立的部分。系统思维意味着首先从大局入手，然后深入发掘，从其组成部分彼此之间关系的角度来审视它们。它是一种框架，能帮助你形成思维上的习惯。这些习惯能够让你感受到力量，让你知道自己有能力去处理即便是最复杂的问题并做出积极的改变。[1]

任何时候只要我们能够形成思维上的习惯，就可以节省时间，因为这时我们做事情就不需要再去刻意地考虑它们，于是我们的大脑便可以解放出来去考虑其他事。在刚开始解决问题时投入一些时间是很有必要的，无论是改变一个不再有效的系统还是建立一个新的系统，从长远来看这都将节省非常可观的时间。无论你是在为个人目标还是

Introduction

为职业目标而奋斗,这一点都是毋庸置疑的。甚至只需要在你的工作生活中引入哪怕很少一点系统思维,就可以帮助你在无数领域中得到改善。

在本书中,我们将探索系统思维的要素。我们将审视它的基础要素并观察系统是如何运行的。我们将开发你所需要的工具来帮助你将系统思维运用到你的日常生活和人际关系中。

随着你看待这个世界和问题的方式转变为一个强大的模式,你也有可能会犯错。我们将研究在以系统思维思考问题时可能会出现的三个错误,并帮助你避免或克服它们。

现在是换一个镜头来观察我们这个世界的时候了,一切就从翻开这本书开始吧。

第 1 课
什么是系统思维
WHAT IS SYSTEMS THINKING

THE ART OF THINKING IN SYSTEMS

第1课
什么是系统思维

作为一个老师,我发现在帮助我的学生理解困难或抽象的概念时,视觉演示往往是最好的方法。比如有一次上课,我带了一个回旋镖,它是一片曲形的扁平木头,可用来投掷,最初是一种狩猎武器。我打开装有回旋镖的盒子,拿着回旋镖在教室里转了一圈,以便学生们近距离观察。然后我掷出了回旋镖。我问学生们是什么原因使回旋镖又回到了我的手中。他们一致认为是因为我投掷回旋镖的方法。我对他们说我们可以一起检验他们的理论。我把回旋镖放回盒子,然后用同样的方法再次把盒子掷了出去。

当然这一次盒子没有返回来,而是飞了一小段距离后

落在了地上。我们就此展开讨论，显然决定它飞行的既不是我的手也不是掷出它的方式。当我松开手中的回旋镖的时候，决定它运动的是它本身的结构设计。虽然我们讨论的是一堂物理课，但其中蕴含的道理也是系统理论的核心。当我们对系统和问题进行研究和理解时，系统思维会使那些原本就存在于系统结构内的行为得到抑制或者释放。

什么是系统思维

1987年巴里·里士满博士最先提出了"系统思维"这一说法。根据里士满博士的说法，"系统思维是一门科学和艺术，通过不断深入理解内在结构而对行为作出可靠的推断。"[II]在《第五项修炼：实践篇》一书中，作者彼得·圣吉写道："系统思维是一种思维方式，是一种用来描述和理解形成系统行为的力量和相互关系的语言。这一学科帮助我们了解如何更有效地改变系统，如何使我们的行为与物质世界和经济世界的自然过程更加协调。"[III]

为了更好地理解这两位专家的话，让我们从基础要素

第 1 课
什么是系统思维

开始吧。什么是系统？系统是一组相互关联的事物，并随着时间的推移展示出其行为模式。系统通常是导致系统行为的原因。当外部力量作用于一个系统时，系统反应的方式和这个系统本身的特性是一致的。如果同样的外部力量作用于不同的系统，那么很可能会产生不同的结果。

系统思维为什么有用

系统思维可以帮助我们用新的方式看待这个世界，因为它鼓励我们通过聚焦系统内各部分之间的联系和相互关系来看待事件和模式，而不再是孤立地去看待各个单独的部分。系统思维使我们不再一味地只是想快速解决问题，而是去考虑我们的行为可能会造成什么样的长期后果。它帮助我们实现更深层次的理解，这是我们通常花很多时间也难以达到的。

系统思维是一种对传统的思维模式的转变。我们一向被教导要理性看待事物，并探求其因果关系。我们在研究一件事情时习惯于将其拆分成小的、易于理解的部分，试

LESSON 1 What is Systems Thinking

图通过掌控我们周围的情况来尽快解决问题。很多时候我们总是过分关注外因，认为所有问题都是这些外因导致的，却很少从系统内部的本质出发来寻求改进。

西方文化倾向于从系统的外部而不是内部探究某个问题产生的原因。在我们的历史中，这种世界观被多次证明是非常有效的。很多重大问题通过从外部探究的确得到了解决，比如寻找治疗致命疾病的方法和疫苗，寻求生产出足够的粮食养活世界人口的办法，发展公共交通系统。但问题是，当我们没有去认真审视我们内在的系统时，我们的解决方案时常就会产生新的问题。如果这些问题根深蒂固地存在于系统结构之中，那么这些问题很有可能是重大的、严重的且难以克服的问题。

虽然传统的分析方法有时可以帮助到我们，但是它无法帮助我们解决所有问题，甚至有时即便我们竭尽全力也无济于事。例如战争、环境的破坏、吸毒成瘾、失业、贫困、危及生命的疾病等，这样的例子比比皆是。尽管经过了多年的分析研究和科技进步，这些问题依旧存在。这些问题之所以持续存在是因为它们是系统问题。没有人希望

第1课 什么是系统思维

这些问题产生,所有人都希望它们可以得到解决。然而只有我们对其所属系统的结构进行了足够深入和细致的分析之后,这样的希望才有可能实现。没必要去把责任归咎于导致问题产生的原因,我们需要卷起袖子,深入发掘,寻求解决问题的办法。如果我们愿意付出必要的努力,那么解决方案当然是可以找到的。我们需要从一个全新的角度来看待事物。这本书就是要向我们展示一个不同的方式来观察和思考这个世界以及其中的一切。

这就是为什么系统思维如此重要。有些问题是系统问题,无论我们如何去做,通过线性思维或者事件导向思维来解决这样的问题都是无济于事的。线性思维本身并没有错,它当然也有用武之地,它为我们所提供的无数次有用的帮助贯穿着人类的历史。但是系统思维可以向我们展现事件更复杂而且更完整的情景。

正如我们在上文中所探讨过的那样,对于大多数人来说,系统思维并不能一蹴而就,它需要时间来发展这种技巧并接受用新的方式来看待这个世界,直到培养成一种下意识的习惯。事实上,95%的人无法做到系统思考,一旦

LESSON 1 What is Systems Thinking

有问题需要解决时,他们总是专注于寻找简单的原因和关联效应。而这根本无法对问题做出全面和准确的认识,在解决系统问题时毫无效用。

当我们增强我们理解系统的各部分及其关联的能力,系统思维会使我们重获对整个系统的直觉。系统思维可以让我们对未来可能出现的情况做出假设分析,并在重新设计系统时,让我们能大胆地释放创造力。系统思维能让我们提出很多之前从未想到过的解决方法。

系统思维允许我们审视系统各部分之间的相互关系,而不是只把它们看作互不相干的独立个体,从而为我们展现了一幅完整的景象。它使我想起我在孩子们小时候和他们一起玩的一个游戏。我蒙上他们的眼睛,然后在橱柜上放了几碗食材,跟他们说一会儿我们要一起做一样东西。我让他们一一去触摸橱柜上的食材,然后告诉我他们认为接下来我们要做什么。当他们摸到甘草时,他们认为可能是一支铅笔,摸到橡皮糖时认为是棉花糖。

接着他们又被口香糖球愚弄了一次,他们以为是弹珠,认为我们待会儿要玩弹珠游戏。他们对着糖霜犹豫不

第 1 课
什么是系统思维

决,认为要么是牙膏要么是剃须膏。他们对每一件所触摸到的物品都加入了自己的想象,整个过程中我一直在笑。尽管孩子们都蒙着眼睛,我也能感觉到他们非常疑惑。他们想要搞清楚这所有东西有怎样的组合可能。但是因为一次只能摸到一部分,他们所得到的信息太过有限,无法得出任何合理的结论。我吊足了孩子们的胃口,一直到他们不耐烦的时候才摘去了他们的眼罩,并揭晓了谜底,我们接下来要做姜饼屋。最后他们弄明白了所有东西是如何联系在一起的,一切都合情合理。

我和孩子们玩的这个小游戏可以让我们了解系统思维,仅仅知道系统的组成部分是不可能了解系统行为的。我们必须深入挖掘各部分之间的关系以及它们对整个系统的影响。这是系统思维的核心部分,是我们绝对不能忽视的。

不过这并不是说有哪一种思维方式比其他思维方式更好。只要适合,所有思维方式都有用武之地。系统思维并不一定比线性思维更好。要想完全了解和领悟我们周围错综复杂的世界,这两种思维方式都是必要的。只用一种思

LESSON 1 What is Systems Thinking

维方式无异于闭上一只眼睛去看世界。这样做会曲解我们的认知,限制我们所能完成的目标。要想看清事物的全貌,所有思维方式都是必要的。

第 **2** 课

系统思维的要素
THE ELEMENTS OF SYSTEMS THINKING

T**HE ART**
OF THINKING
IN SYSTEMS

第2课
系统思维的要素

不吸取历史教训的人注定会重蹈覆辙。这个道理同样适用于系统思维。例如,如果只是将统治者赶下台,而不对其所统治下的系统体制做出改变,那么这一相同的模式将会继续重复,填补统治者位置的将会是一个非常相似的人。一个从小被灌输偏见和仇恨的孩子长大后只会去实践偏见和仇恨,除非其系统得到改善,其循环被打破。仅仅只是谈论系统是远远不够的。如果对系统所知甚少或者一无所知,那么终究不会有任何改变。

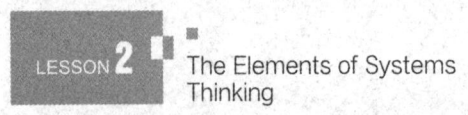

LESSON 2 · The Elements of Systems Thinking

系统的组成部分

系统由三部分组成：要素、关联以及功能或目的。"功能"一词用来讨论非人类系统，"目的"一词用来讨论人类系统。[IV]

要素是系统的参与者，在人体的循环系统中，要素是人的心脏、肺、血液、血管、动脉和静脉。它们运转着这个系统。该系统的关联是血液、氧气和其他重要营养物质在人体内的输送流动。循环系统的功能是让血液、氧气、其他气体、营养物质和激素通过在人体中的流动输送给所有细胞。

篮球队是由球员、教练、篮球、篮筐和球场这些要素组成的系统。游戏规则、教练发挥的作用、球员之间的交谈和讯号、决定球和球员移动方式的牛顿运动定律是他们之间的关联。他们的目的是赢得比赛、获得津贴或薪水、得到锻炼或者单纯地享受篮球运动的快乐。

在学校这个系统中，老师、学生、校长、管理人员、校车司机、食堂厨师、家长和辅导员是其组成要素。该系统的关联是学校的规章制度、日程安排及所有人之间的交流。学校的目的是充分开发学生们的潜能，为他们成功的未来做准备。

系统无处不在。公司、城市、政府、经济、动物和植物都有自己的系统。此外，多个小系统可以共同构成一个大系统。例如我们的人体系统是由骨骼系统、消化系统、呼吸系统和神经系统等小系统共同构成的。海洋系统由生活在其中的动物系统和植物系统构成。银河系包括我们的太阳系，其中的每个行星又都自成一个系统。

要素通常是系统中最容易识别的部分，因为许多要素都是有形的，可以看得见、摸得到。一个家庭的要素可能包括：父母、祖父母、孩子、婶母、叔伯、堂兄弟姐妹、宠物等。然而要素并不总是有形的，例如在医院里，帮助病人、拯救生命的愿望就是医院系统中重要的要素，是无形的。自豪感和归属感在社区系统中扮演着重要角色，它们也是无形的。每个系统都有无数个要素，重要的是在观察时不要只窥一斑而不见全豹。

关联是系统中非常重要的部分。在上文所举的人体循

LESSON 2　The Elements of Systems Thinking

环系统的例子中，其中的关联是血液、氧气和其他气体、营养物质和激素在体内的输送流动，大脑发送给身体各部分的信号也是一种关联，这些信号告诉身体各部分如何各司其职，从而使身体正常运行。物质的流动关联往往是最显而易见的。

然而通常情况下，关联并不是物质的流动，而是信息的流动，这些关联比较难以察觉，不过只要你的观察足够仔细就能够发现。例如在教学中，决定学生在课堂上成功与否的关联是师生关系。如果我希望在这一学年我的学生们好好学习，那么和每个学生建立融洽的关系、创造积极的课堂氛围绝对是至关重要的一点。

学习是一件艰难的事情。我的学生们要学习很多抽象艰涩的概念。如果我和学生们关系融洽，那么他们就会愿意为我而付出最大的努力。即便遇到了困难或者遭遇挫折，他们也依旧会坚持不懈，因为他们知道我在乎他们，我所做的一切都是为了他们更好地成长，并且我会陪他们走好每一步。他们愿意开动脑筋接受我所教授的信息。倘若没有融洽积极的师生关系，那么我课堂上的信息流动早

第 2 课
系统思维的要素

就停止了。

你在购买商品之前对商品进行分析观察的时候，信息的流动就出现了。在决定是否要买之前你会考虑很多因素，比如你的收入和储蓄、家里相关的物品、价格、商店中你要买的物品及其他客户的购买率。一支棒球队及其教练之间有信息的流动，教练通过手势与球员进行交流，该掷出什么样的投球，是否应该跑位或是原地不动。医生需要通过分析一系列检查结果才能得到足够的信息来准确诊断病人的病症。

一个系统的功能或目的不一定非要写下来或是大声说出来不可。它通过系统的运行就可以得到表达。通常要想找出一个系统的目的，观察它的运行就是最好的方法。

当一个政府声称教育孩子是其优先考虑的问题，然而却在缩减教育经费时，那么很显然教育孩子不是该政府的主要目的。如果一只猫捉住了一只蜥蜴，然后只是拍着它玩，那么猫捕捉蜥蜴的初衷显然不是要吃掉它。我们应该从系统的行为方式来判断它的功能或目的，而不是从我们自己的期望或是系统所宣称的目的出发。

LESSON 2 — The Elements of Systems Thinking

系统最大的问题之一是有时候系统子单元的目的可能会组合在一起从而产生了所有人都不想看到的行为。在学校里进行重要的考试原本是出于最好的目的，希望通过检测学生们是否达到了统一标准来确保他们都接受到了严格的高素质的教育。然而不幸的是，这样也导致了一些意想不到的负面行为。现在我们就来分析一下在该系统中参与者的目的：

• 基于考试成绩基础的评价及绩效工资使老师们倍感压力，影响了他们工作的安全感。

• 如果考试成绩不佳，学生们会感到压力重重，要设法避免自己去上补习班，避免复读或者让老师和家长失望。

• 学区希望取得最高的成绩等级来吸引学生。

• 企业和房地产经纪人给学校施加压力，希望他们取得高分，这样人们才愿意在这个社区生活和工作，才能有受到良好教育的劳动力。

• 立法者会通过撤资或实施处罚来惩罚那些表现不好的学校。

• 父母想让孩子们取得高分，以最高的分数入学。

第 2 课
系统思维的要素

· 如果社区成员认为学校的表现不好，他们就不愿意通过征税来增加学校资金或支持学校。

在该系统中，考试的重要性导致学区对教师施加了很大压力，要求他们以考试为目的来授课，并根据他们的学生的考试成绩进行评估。教师们深感必须彼此竞争以取得高分，由此获得工作保障和加薪，因此他们不再互相交流分享各自的想法，甚至会在考试的管理过程中作弊。学生们必须有足够的分数才能升学，或者避免上补习班，因此他们在考试中也可能会作弊。而这些行为全都违背了考试的初衷，所有人都认为出现这样的局面是非常糟糕和可怕的。不幸的是，如果这些子目的和系统的总目的不能取得一致，而且持续共存下去，那么整个系统将无法顺利运行。

什么不是系统

如果组合在一起的要素彼此之间既没有关联也没有一个功能，那么这个组合就不是系统。把沙滩上的贝壳放在

LESSON 2　The Elements of Systems Thinking

一起并不能成为系统。这些贝壳随波逐流散落在沙滩上，它们是随机的，没有任何统一的目的。

想一想你所在社区中的各个商业机构，它们已经组成了系统。它们和客户以及其他机构建立了关系，它们以共同的目的联合，并成为社区中相互关联的部分。当有一个新的公司进入社区想要立足时，它们之间就需要花一定时间才能建立起同样的联系和关系。它们不会立刻知道自己在实现系统目标中扮演着一个什么样的角色，它们需要经过时间和努力，才能成为系统所需的组成部分。

系统不仅仅是各部分的组合。它在实现目的和保护自己的过程中可以发生改变和调整。尽管系统通常由非生命体构成，却表现出很多人类的性质。它会很有弹性地自我修复，并随着时间的推移而进化。

系统中最重要的部分

我们可以通过推测系统的各组成部分各自发生变化时对系统带来的影响来检测系统的要素、关联和目的在系统中的重要性,这也许是最简单的方法。

通常系统要素的变化对系统的影响最小。虽然某些要素对系统来说非常重要,但总体来说,当这些要素发生了改变,系统依旧可以用类似的形式存在并继续运转以实现自己的目的或功能。

在学校中,教师、管理人员和其他雇员可能会离职、调任或退休。学生们可能会转学或升学去了更高年级的学校。这些要素可能会改变,然而学校依然很容易被认定为学校,它仍然有着大致相同的宗旨和明确目标。

一支游行乐队的成员甚至其指挥会发生改变,但它依旧是一支乐队。也许它的表演跟之前相比有好坏之分,然而它存在的目的和之前是一样的。

树的叶子会掉,动物的皮毛会脱落,我们的细胞每隔几周就会新陈代谢一次,但是树和动物本身并没有发生变化,我们的身体也依旧继续着之前的功能。

即便组成系统的要素数量有很大变化,只要系统的关联和目的保持不变,系统就将保持原来的本体继续运转,要素给系统带来的变化是轻微的、缓慢的。

LESSON 2　The Elements of Systems Thinking

　　而系统关联对系统的影响则和要素完全不同，它对系统的影响非常显著。即便要素保持不变，系统也很可能会变得无法识别。

　　比如让学生代替成年人来负责学校事务，那么整个学校系统无疑将发生巨大改变。改变游行乐队的规则，让他们放弃演奏乐器转而去唱歌，那么游行乐队也就不能称为游行乐队了。如果我们的呼吸系统不再向身体的各部分分配氧气并呼出二氧化碳，那么我们的行为将会更像植物。当系统的关联发生变化时，整个系统就会发生彻底的变化。

　　改变系统的功能或目的也会对整个系统产生极大的影响，甚至使系统变得面目全非。如果学校的目的不再是教育孩子，而是招生，通过收学费赚钱，那么显然学校系统就发生了重大改变。如果游行乐队的目的不再是娱乐足球比赛中的球迷，而是为获得大学奖学金，那么它的系统也发生了巨大变化。如果树木的目的不再是生存，动物的目的不再是繁衍后代，而是尽可能地长大，那么它们的系统也会发生很大改变。即便系统的所有要素和关联都保持不

第 2 课
系统思维的要素

变,改变系统的目的将会对系统带来质的变化。

系统的每个组成部分都是不可或缺的。要素、关联和目的或功能彼此之间相互作用,相互影响,都在系统中扮演着至关重要的作用。系统的目的或功能往往是最不容易被注意到的,但是它却明确决定了系统的行为。关联是系统内部的关系,当它们发生改变时,系统的行为通常也会改变。一般来说,要素在系统中最显而易见,但是它不太可能给系统带来显著变化,除非在要素发生改变的同时也改变了系统的关联或目的。系统的各部分都很重要,因为它们相辅相成,但是改变系统的目的对系统的影响最大。

第 3 课

思维的类型
TYPES OF THINKING

THE ART
OF THINKING
IN SYSTEMS

第 3 课
思维的类型

思维的类型有很多种，它们各有所长，不存在优劣之分。在解决问题时不能只用一种思维方式。本章将分析最常见的几种思维类型并探究它们对我们的帮助。

线性思维

在生活中我们通常被教导使用线性思维，它的核心是探究因果关系，这种思维认为所有事情都有因果。线性思维告诉我们，一切都有原因也有结果、有问题也有解决方案、有开始也有结束。这种思维模式探究的是简单

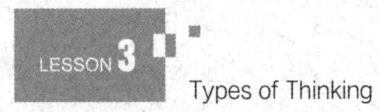

LESSON 3
Types of Thinking

的一对一联系。

线性思维对解决某些特定类型的问题非常有效。例如，因为电池没电（原因），所以你的手机关机了（结果）。如果你插入电源，给电池充电，你的手机就可以再次工作。或者你睡过了头（结果），这是因为你忘了上闹钟（原因）。如果你上了闹钟，下次你就不会再睡过头。线性思维对找到问题的解决方案简单有效。

线性思维也有缺点。它并没有把事物看作是一个复杂的系统，在一个大谜团中只是关注了其中一小块。通常我们所面对的情况远远比线性思维能够分析到的部分要复杂很多。如果我们只是从其中一小块入手，没有考虑到它和更大系统之间的关联，那么我们的解决方案很可能会产生意想不到的结果，这些结果并不总是有益的。

事件导向思维

和线性思维相比，事件导向思维看待世界的方式要复杂一些，但是它认为生活是由一系列事件而不是系统构成的。在这种思维模式中，事件要么已经发生，要么即将发生。它认为每个事件的产生都有原因，如果我们改变了原因，事件也会发生改变。

我们的大脑喜欢事件导向思维，大脑喜欢处理那些觉得简单又熟悉的问题。从最早的人类历史开始，我们春天播种，秋天收获，然后在冬天和整年中都有足够的食物，我们临水而居，这样就可以轻而易举地获得饮用水，可以捕鱼，可以发展水上运输。我们做出锋利的箭头来帮我们狩猎，我们成群聚居以保证安全并确保满足每个人的需求。事件导向思维是逻辑的基础。倘若我们做了甲这件事，那么乙就会发生。这种思维模式快速，易于理解和应用。

然而事件导向思维在解决复杂问题或系统问题时效率很低。因为我们的社会随着时间的发展而不断变化，而事件导向思维却并没有跟着一起发展变化。今天我们所面对的问题需要比事件导向思维更深层的理解。导致事件发生的原因可能不止一个，而每个原因的背后可能还有多个复杂的原因。如果我们不考虑这些更复杂的关系，可能就会

LESSON 3 Types of Thinking

产生一些我们不希望发生的后果。事件导向思维是无法解决这类问题的。

水平思考 [VI]

水平思考是更具创造性的思维。对于那些非常依赖通过按部就班的逻辑思维得出结论的人来说,不太容易使用这种思维方式。1967年爱德华·德·博诺博士提出了水平思考。他提出了一些创造性思维的技巧,用于对抗人类大脑容易禁锢自己思维的倾向。

水平思考,是以一种容易重复的方式,努力产生创新的想法。当你试图超越问题的既定解决方案,想要扩展你的思维,超越你通常认为的模式时,水平思考大有助益。它在头脑风暴、发明和创新中特别有效。

水平思考的缺点是不能明确目标和终点。这种思维方式缺乏其他思维方式所使用的结构和目标。水平思考的本质是不打击任何想法,所有想法从一开始都有同样的分量,受到同等重视,即便其中有些想法是不合适的。这会浪费你宝贵的时间，或使问题的解决过程偏离轨道。

批判性思维 [VII]

批判性思维从客观的角度出发，分析事实，达成判断。在得出结论之前，为了克服偏见，它需要你不断地反思你的想法和可能的决策，以此来提高认知的质量和效率。

当你试图在不同想法之间找到逻辑关系时，批判性思维非常有效。拥有批判性思维的人不会仅凭表象去轻而易举地接受任何事物，他们在接受之前一定会深入挖掘，确定信息背后有理可寻。当需要用系统的方法来解决某个问题时，这种思维方式是非常有益的。

这种思维方式在许多方面都很有帮助。不过需要保证它不要走向极端。健康的怀疑和对某些观点的质疑是一种重要的生活技巧，只要这种怀疑和质疑基于善意的理由和充分的事实。

LESSON 3　Types of Thinking

系统思维

我们在上文已经探讨过了，系统思维是对系统的分析和研究。系统是一组相互关联的要素，一起朝着一个共同的功能或目的运行。系统会表现出某些可识别的特征和持久的行为模式。当系统的一个部分发生改变时，系统所有其他部分也会受到影响。系统思维需要理解一个系统的要素、关联、目的或功能。我们的目标是将这些理解应用于任何级别和领域的其他系统。系统思维的成熟度可以分为多个不同的层次级别：

零级——未察觉阶段[VIII]

处于这一级别说明你对系统思维的概念一无所知。

级别一——初步认识阶段[IX]

处于这一级别说明你了解系统思维的概念，但是并没有表现出任何有深度的理解。你可能觉得自己会用系统思维来思考，那是因为你可以很轻松地说出与系统思维相关的术语，但是你并不能成功地区分优秀的系统分析和拙劣的系统分析。很多人都止步于这一层级。

级别二——深度认识阶段[X]

达到这一级别说明你已经完全理解了系统思维的关键概念,你很清楚这种思维的重要性,并深知充分运用这种思维可以达成的成果。你能够阅读、理解系统思维的因果回路图和模拟模型,甚至具备了思考反馈回路的初级能力,但是你还不会画出关系图和模型。你能理解系统结构,知道什么是增强反馈回路和平衡反馈回路。你能够理解为什么反馈回路会对人类系统产生如此强大的力量。

级别三——新手阶段[XI]

这一阶段说明你对系统思维已经有了深度认识,你甚至已经开始探索影响系统行为的黑盒子。你现在已经可以自己画出因果关系图,并可以用它们来解决一些简单的或中等难度的问题。一个优秀的新手也可以很好地阅读模拟模型。

级别四——专家阶段[XII]

处于这一阶段的你已经可以使用系统动力学来创建自己的系统模型,能够解决困难且复杂的社会系统性问题。那些致力于解决复杂问题的组织在分析问题时如果有一位

LESSON 3 Types of Thinking

专家带队，同时有几个初学者级别的人辅助，那么这个组织的工作将非常顺利。

级别五——高手阶段[XIII]

很少有人可以达到这一阶段。如果你是权威，你可以教导其他人成为专家，你可以对最具挑战的社会系统性问题提出非常有意义的解决方案。

如果你的目标是超过系统思维的初步意识阶段，那么请从彼得·圣吉的《第五项修炼：学习型组织的艺术与实践》一书开始学习。当这本著作在20世纪90年代首次出版的时候，它让大部分美国企业了解了系统思维。如果你仔细阅读完前五章，你将很接近系统思维的深度认识阶段或新手阶段。

如果你很认真地想更进一步发展你的系统思维，达到专家阶段，那么请阅读约翰·斯特曼的《商业动力学：对复杂世界的系统思考与建模》。这本书将帮助你从一个系统思考者提升为一位以系统动力学为工具的建模者。

思维方式本身并没有正确和错误之分。你可以把它想象成一名带着很多工具的杂工。或许你最喜欢的工具是锤

第3课 思维的类型

子,你觉得用它最顺手,如果可以的话你每次都会选择用它。尽管锤子很好,但是它不一定适用你所遇到的所有工作。这个道理同样也适用于我们在本章中所探讨的各种思维方式。我们可能更加擅长和喜欢其中某一种思维方式。

我们可能会过度依赖我们最喜欢的那个思维方式,但是无论有多么喜欢,这个方式未必就是解决所有问题的有效方式。所以继续学习和成长,扩展自己的思维非常重要,这个过程可以充实我们的工具箱。这样才能在解决问题时总能找到最合适的工具,正是这样,我们才会有进化和认知升级。如果我们在认识每种思维所能带来的价值的同时也能了解到它们的局限,那么我们就可以始终游刃有余地在面对不同情况时选择最合适的思维方式。

这就是再好不过的了。

第 4 课
如何从线性思维转变为系统思维

HOW TO SHIFT FROM LINEAR THINKING
PATTERNS TO SYSTEMS THINKING

THE ART
OF THINKING
IN SYSTEMS

第 4 课
如何从线性思维转变为系统思维

我们已经确定所有的思维模式都有各自的用武之地,现在我们就来探讨如何在需要的时候将线性思维转变成系统思维。

这是一个问题还是一个症状

从线性思维向系统思维转变的第一步是区分一件事物究竟是问题还是一个更深层次问题的症状。线性思维通常专注于症状,倾向于停留在表面来审视行为,而不是深入发掘找出真正的问题所在。[xiv]

LESSON 4 How to Shift from Linear Thinking Patterns to Systems Thinking

想想看，当你不舒服去找医生的时候，如果医生只是努力消除你的症状而没有探究真正的病因，那么你的问题永远都不会得到解决。事实上，只是纠结于症状而不触及问题的根源可能会适得其反，使事情变得更糟糕，因为这样可能会出现意想不到的副作用。当需要系统思维的时候，使用线性思维就会出现这样的问题。如果你肯花时间去分析系统的行为模式、要素、关联及其功能或目的，你就可以发现并解决真正的问题，这时你会发现症状已经随之消除了。

如何判断一件事情是真正的问题还是症状呢？下面将给大家列出八条线索，这些线索都基于吉姆·奥霍夫和迈克尔·沃尔切斯基的著作。这八条线索可以帮你确定你所关注的对象究竟是真正的问题还是症状。

1. 问题的大小和你所花费的时间和精力不匹配。如果这个问题看起来比你投入的努力小，那么很可能它只是一个症状而不是真正的问题。

2. 人们有解决问题的能力，却不去解决。如果他们宁愿花时间去抱怨也不付诸行动去解决问题，那么你面对的

第4课
如何从线性思维转变为系统思维

很可能是一个更大问题的症状。

3. 你已经多次尝试去解决问题，但是始终没有成功——如果你长时间尝试解决某个问题，但是它变成了一个相关的问题，或者总是反复出现，那么说明你还没有发现真正的问题所在。

4. 有情感障碍阻碍了问题的解决。如果在一个组织中，有些事情是人们不想触碰甚至谈论的，那么就阻挡了他们有任何想象力和创新的可能，除非你找到突破点，否则无法解决真正的问题。

5. 如果这个问题有一个模式，而且似乎是可以预测的，那么它很可能是一个症状。

6. 如果一个问题始终存留在某个组织内，那么也许是组织在潜意识中喜欢这个问题的存在。只用关注这个问题，而不用去努力找到并永久性解决真正的问题，这让他们感到舒适。

7. 如果组织看起来有很大的压力，十分焦虑，那么很可能他们只是关注到了症状，没有碰触到真正的问题所在。人们可能害怕说出他们所关心的真实本质。

LESSON 4 How to Shift from Linear Thinking Patterns to Systems Thinking

8. 你刚"解决"了一个问题，另一个问题就取而代之。如果一个组织更专注于寻找因果关系，并急切地想用线性思维去解决问题，那么你会发现结果会像玩打鼹鼠的游戏一样，问题层出不穷。除非更深层次的问题得到解决，否则相关的新问题会不断出现。[XV]

系统思维的十个敌人

依照奥霍夫和沃尔切斯基的著作，下面是线性思维的十条主张，这些主张将阻碍系统思维。

1. "让我们速战速决。"[XVI] 想要尽快解决问题本身并没有错，系统思维并不是要求你在面对问题时反应迟钝，但是系统思维永远不会赞成在没有完全了解问题的情况下就"速战速决。"

2. "先给它贴张'创可贴'，我们之后再来解决它。"[XVII] 贴上"创可贴"可能会掩盖症状，但真实的问题却仍在感染整个组织。

3. "我们需要在年底做完预算。"[XVIII] 当涉及做预算时，

第4课
如何从线性思维转变为系统思维

通常人们容易使用线性思维。做预算让我们基于金钱来做选择，而不是去考虑某个想法是否是最好的。再加上一个截止日期，我们就离系统思维更远了。

4."我们必须马上做出回复。"[XIX]因为处在匆忙之中，试图找到一个立即的解决方案会使我们依赖线性思维。更系统的思维方式是冷静地分析形势。

5."谁在乎呢？"[XX]在寻找问题的解决方案时无动于衷，没有求知欲，没有付出想象力和创造力，这意味着组织会陷入僵局，无法突破并有效地解决问题。

6."我们需要更多的信息。"[XXI]这听起来很适合系统思维，有时也的确如此，但是如果一个组织认为把所有数据收集在一起，就可以自动解决问题，那么这仍然更多的是线性思维。人们必须还要愿意去审视数据，并愿意根据数据展开行动。

7."你想得太多了。"[XXII]这意味着我们面对的是一个复杂的问题，我们想要分解它。如果有人说你想得太多了，这很可能是因为你和他们的观点不一致。系统思维要求我们走出舒适区，但并不是所有人都能接受这一点。

LESSON 4 How to Shift from Linear Thinking Patterns to Systems Thinking

8. "顾不得其他了，先照顾好我们自己吧。"[XXIII]为了满足自己的需求，线性思维者提出的总是输—赢方案。这是餐桌上的典型心态。如果你想多吃一份餐后甜点，那么你会快速吃饭，这样就可以在别人吃完之前多吃一些。在学校也会发生同样的事情，如果老师知道学校在物资供应上的预算资金有限，他们最先想到的一定是满足自己的要求，希望这笔钱花在自己的班级，而系统思维提出的方案往往是双赢的。

9. "我们不想有任何冲突。"[XXIV]有些人宁可不惜一切代价也要维持和平，即便这样做会妨碍找到问题的真正根源也在所不惜。这使我想起我们家感恩节或圣诞节的家庭聚餐。我们会竭尽全力避免谈论政治问题，因为我们知道这会使气氛变得紧张。但我们在饭桌上避免冲突，只是为确保聚餐愉快，每个人在离开餐桌时依然能互相交谈，不是像一些组织需要解决某个问题。

10. "接下来我们这样做。"[XXV]掌权者通常依赖线性思维把个人的意志强加给整个组织。这会阻碍组织成员的创造力和创新思维，同时也会阻碍解决问题的协作努力。我

第 4 课
如何从线性思维转变为系统思维

不禁想起当我被要求完成一项调查或评估的时候，我总是会投入很多时间来阐述我经过深思熟虑的观点和分析，但最后处在管理职位上的那个人会反对大多数人的建议，仍然按照他们自己原来的想法去做。我总是忍不住想，如果注定要用他们的方法，还不如索性直接去做，完全没必要让我们徒劳无益地投入时间。

  对每一个人而言，系统思维都并不容易。许多人会发现当他们开始用这个镜头看世界时，系统思维有些松散无序。因为不知道自己建议的解决方案对系统及其组成部分会有什么样的影响，很多人犹豫不决而不敢采取行动，感到不知所措。请放心，这种惶惶不安的感觉是完全正常的，随着时间的推移，随着对系统行为更深层次的理解，这种感觉会逐渐缓解。我写这些并不是要告诉大家过渡到系统思维方式很容易，我要说的是这一切都是值得的。

第 5 课
理解系统行为
UNDERSTANDING SYSTEM BEHAVIOR

THE ART OF THINKING IN SYSTEMS

第 5 课
理解系统行为

既然我们已经对线性思维和系统思维的区分有了更多认识，那么现在该去深入分析系统行为，了解它们是如何运行的了。

尽管我们已经了解了系统的组成，但是要想熟练运用系统思维还有很多知识要学习。在学习系统的其他部分之前，我们先来回顾一下到目前为止所学过的有关系统思维的关键概念。

务必牢记：

· 系统总是大于其组成部分的总和。

· 系统的关联总是通过信息的流动来发挥功能的。

LESSON 5　Understanding System Behavior

・系统具备功能或目的，它通常是系统中最不明显的组成部分，却是决定系统行为最关键的因素。

・包含一个促成系统行为的结构，系统行为表现为一段时间内发生的一组事件。

唐娜·梅多斯对系统的其他组成部分进行了定义。[xxvi]

・**储备**

储备是每个系统的基础，储备可以是实物，比如钱、存货或信息，也可以是人们所持的感情或态度。储备不是静止的，它们随着时间而变化。储备就像是快照，可以展示系统中不断变化的流动的当前情况。

・**流动**

流动是影响系统的行为，一次流动可能是一次成功的行为，也可能是失败的；可能是购入，也可能是售出；可能是储蓄，也可能是取款；可能是增长，也可能是下降。

系统中储备和流动的关系

・当流入大于流出时，储备水平上升。

第 5 课 理解系统行为

- 当流出大于流入时,储备水平下降。
- 当流出和流入持平时,当前储备水平保持不变,并会继续保持(这叫作动态平衡)。
- 当流出减少或流入增加时,储备水平上升。
- 储备为系统提供了一道安全屏障,因为它们可以延迟可能影响一个系统的冲击。
- 储备使流入和流出有能力保持独立。[XXVII]

现在我们来看几个例子。在公司里,员工是公司的储备,新员工和新成员是储备的流入,退休人员、调任人员以及辞职人员和被解雇的人员都属于储备的流出。

在柑橘林中,柑橘是储备,柑橘树的生长及可以存活至丰收的柑橘树是流入,在采摘之前掉落或烂掉的柑橘、因为严寒冰冻无法成熟的柑橘、遭受虫害和病害损失的柑橘以及库存中卖出去的柑橘或果汁是流出。

了解储备和流动随着时间发生的变化会告诉你很多复杂的系统行为。如果你减过肥,你就会明白流动和储备的动态。

如果你通过锻炼和日常活动燃烧的卡路里(流出)和

LESSON 5 Understanding System Behavior

你摄入的卡路里（流入）持平，那么你的体重（储备）将保持不变。这个状态就是所谓的动态平衡，即便有连续不断的流动，储备水平始终不会改变。

如果你像我一样在节日假期禁不住美食的诱惑，喜欢享受各种美食，那么你会摄入更多的卡路里（流入），而与此同时你把时间花在了走亲访友上，减少了运动，那么你燃烧的卡路里（流出）比平时要少，最终你的体重（储备）将会增加。下次上秤的时候你会发现你重了好几磅。

如果你决定多吃健康食品并减少食物摄入，你摄入的卡路里（流入）就会减少。同时更积极的生活方式和锻炼习惯可以帮助你燃烧更多的卡路里（流出）。你的体重（储备）将会减少。再称重的时候你会发现秤上的数字变小了。

通过上文简单的例子，我们可以得出一些关于储备和流动的结论：

· 如果流入的总量始终大于流出的总量，那么储备水平会一直保持上升。

· 如果流出的总量始终大于流入的总量，那么储备的水平会一直保持下降。

·如果流出的总量始终和流入的总量持平，那么储备水平将保持不变，维持动态平衡。

相较于流动而言，我们更倾向于关注储备。当关注流动的时候，我们往往更注重流入而不是流出。这意味着我们有时会忘记其实不只有一种方式可以达到我们想要的储备水平。

增加流入和减少流出都可以提高储备水平。同样增加流出和减少流入都可以降低储备水平。在减肥的例子中，我们往往更关注要增加运动量，而忘记也可以通过减少饮食来减肥。或者你是世界上罕见的想要增加体重的人，那么你可以通过多吃或少动来达成目标。

另外一个我们可以影响储备水平的例子，是我们改善环境的目标。对于环境，我们最担心的问题是我们每年又给废弃物填埋场增加了多少垃圾。如果想要降低这一储备，可以增加回收利用或减少商品的包装。我们对环境和世界所关心的另一个问题是增加石油储备。这一点可以通过寻找新的安全开采地，或找到创新的方式减少石油消耗

LESSON 5 Understanding System Behavior

来实现。

如果需要的话,流动可以发生非常快的改变。吃一大碗冰激凌或是在几分钟内绕着周围跑一圈很容易做到。然而储备的反应却要缓慢许多。我们的体重不会立刻增加或减少,它需要时间。在系统中,储备的改变通常是缓慢的。它们在系统中起了缓冲或延迟的作用,是系统动量的守护者,它们揭示了一个系统为何有某种行为方式。

栽种的幼苗不会在一夜之间成材,它们需要经过多年的成长。受干旱影响地区的水库不可能在朝夕之间恢复正常水位。全球变暖所带来的负面影响不可能立刻得到扭转。储备的改变决定了整个系统的动态。

了解一个系统的动量,可以让你使系统向你想要的积极结果前进。只要系统中有储备,流入和流出就可以相互独立,甚至彼此失去平衡。人们不断观察储备,以此来决定需要采取什么样的行动来调整储备的水平确保它们在可接受的范围之内。拥有系统思维的人常常会研究这种反馈。

反馈回路[XXVIII]

当一个系统在一段时间内所展示的行为是一致的时候，很可能存在一个控制和创造该行为的机制。这个机制以反馈回路的方式运行。在一段时间内看见某种一致的行为模式，这是第一个信号，表明反馈回路可能存在。

当储备水平的变化影响到储备的流入或流出时，就会产生反馈回路。现在让我们以你的银行账户为例。你银行账户上的钱是储备，账户上有多少钱（储备）决定了银行支付给你多少利息（流入）。你账户上的钱（储备）也可以决定你是否会被银行收取一笔费用，这笔费用可以允许你的钱降低到一定数额之下（流出）。流入或流出你账户的金额并不是固定的，而是会根据你某个月账户里有多少钱（储备）而发生改变[XXIX]。

反馈回路要么使储备水平保持在一定范围之内，要么允许它上升或下降。不管反馈回路做什么，储备的流入和流出都取决于储备本身的水平。当一个储备水平被人观察监控时，就可以在需要的时候采取纠正措施。在上文所举

LESSON 5 Understanding System Behavior

的银行账户的例子中,它可能非常简单,就像银行给你发来警告说你的账户已经降到了水平之下,你需要想办法维持在那个水平以避免被收取费用。收到警告之后,你可能会展开纠正行动,向该账户存入更多的钱。华尔街的经纪人不断监控股票和债券的价格水平,并代表客户的利益作出纠正性的决定。一旦调整了储备的流入或流出,储备的水平就会发生改变。然后储备就会通过一系列行为来控制自身。

产生动态行为的有两个反馈回路:增强回路和平衡回路。了解这两个回路如何运转是系统思维的基石。

当储备的变化导致该储备的更进一步变化时,就发生了一个反馈回路。

如果储备更进一步的变化是同向的,这种变化叫作增强回路(正反馈回路)。反之,如果更进一步的变化是逆向的,就叫作平衡回路(负反馈回路)。这些反馈回路的主导地位会随着时间发生变化。"主导"是系统思维的一个重要概念。当一个回路相对于另一个回路占主导地位时,占主导地位的回路对系统的影响更强大。

第 5 课
理解系统行为

当你分析数据、进行推断和预测时,你会想要确定所创建的模型是否能精确地代表真实情况。可以问自己下面这三个重要问题:

- 驱动因素的实际行为可能会如预测的那样吗?

预测只是对未来可能发生什么的一个猜测,无法确定地知道究竟会发生什么。为了增加正确预测的可能,可以使用一种系统的分析方法,即检测如果驱动因素以多种不同的方式表现,可能会发生什么。这样做并不能预测将要发生什么,而是提供了在决策过程中值得考虑的各种情景。

- 如果驱动因素的行为正如所预测的一样,系统的反应会和预期的一样吗?

这个问题实际是关于模型是否精确、模型是否是系统动力的正确表达。它要求你把所有对预测的怀疑放在一边,对系统做假设分析。你现在评估的是这个基本的行为模式是否是反映真实情况的。

- 驱动因素背后的引导力是什么?

这个问题的目的在于:审视是什么控制着流入和流出,

LESSON 5 Understanding System Behavior

分辨驱动因素是独立的还是也根深蒂固地存在于系统中，确定在驱动因素之外是否还有其他因素在起作用。

在分析系统行为的时候，请一定要牢记：一个平衡回路经常会和另一个平衡回路一起运转，也会和另一个增强回路一起运转。系统内部的任何变化都会导致延迟。现在让我们从服装零售店的角度来考虑这个问题。

服装零售店的采购员必须不断地观察系统的储备、流入和流出以便对库存做决策。当采购员对系统行为进行分析的时候，不论他如何努力克服，在这个过程中都会出现固有的延迟。在库存分析中有三种延迟，这三种延迟在商业系统中很常见。

第一种延迟是"感知延迟"。这可能是一种故意或无意的延迟。分析库存时这种延迟通常是故意的。服装零售店的采购员在决定是否要增加库存时，并不想对销售额每一个小的上下浮动都立即做出反应。在做出订货决定之前，他们希望至少在一小段时间内推算出其平均销售数，以此来判断实际的销售趋势是否只是暂时的上升或低迷。

第二种延迟是"回应延迟"。明确需要采购更多服装

第 5 课
理解系统行为

之后，采购员并不会一次完成所有调整，他们会在一小段时间内进行部分调整以确保他们观察到的趋势是真实的。

第三种延迟是"交付延迟"。这在很大程度上超出了采购员的控制，但是在订货决定中必须考虑到这点。采购员发出订单之后，供应商需要一定时间来接受、处理和交付订单[xxx]。

订单到达之后，采购员将继续仔细关注储备、流入和流出以确保他们的决定是对的。一般来说总是会出现错误，因为毕竟不可能精确地预测客户的行为。无论是多么有经验的具有系统思维的采购员，实际情况依旧需要不断做出调整，这并不是因为采购员粗心大意或者无知，而是因为尽管竭尽全力，他们所收到的信息至少会有轻微的延迟，再加上实际的交付延迟，这些都将阻碍他们的行为对库存产生即时影响。拥有系统思维的采购员必须在其决策过程中继续分析和调整上述延迟的时长，因为延迟的时长对于改变系统的行为方式发挥着重要作用。

关键是要记住没有任何一个储备系统是孤立运行的。在我们所举的服装店的例子中，增加或减少服装的订单也

LESSON 5　Understanding System Behavior

会影响到供应商的生产和制造。许多系统相互关联，相互依赖，每一个系统的延迟和决策都会对其他系统产生影响。正是这种关联促使了商业周期的形成并影响了经济。系统思维和行为分析发挥着重要作用。

第 6 课
系统错误
SYSTEM ERRORS

THE ART OF THINKING IN SYSTEMS

第 6 课
系统错误

    正如上文所述，我永远不会对你说系统思维很简单，但是我会告诉你再困难它也是值得的。有句谚语说："凡是值得做的事就值得做好。"尽管人们对到底是谁最早说了这句谚语有一些争论，但是在我成长的过程中，有些人（包括我的妈妈），每天至少会跟我说一遍这句话，他们所言非虚，都是伟大的思想家。我确信你的生活经历会告诉你，给你带来最大回报的往往是最具挑战性的事情。系统思维也一样。它是具有挑战性的，意味着在这一领域必然会出现错误。如果你能够克服这些困难和挑战，你将成为一位强大的系统思考者。

LESSON 6
System Errors

为什么改变政策也无法改善现状

平衡反馈回路是系统中的稳定力量,当它们运转时,你会注意到系统很少会发生变化。即便系统受到外力的影响,系统的行为模式仍保持不变。虽然有很多例子表明维持现状是一件好事,然而不幸的是也有很多情况并非如此。有时系统的行为模式也会陷入惯性,就像一个自20世纪80年代就保持着同样发型的人,他没有任何改变发型的欲望。这种情况通常被叫作"政策阻力"。尽管我们努力想要提出创新解决方案或政策"修复",系统的行为模式却始终保持不变,这时就产生了"政策阻力"。[XXXI]

美国公共教育系统曾经出现过一个"政策阻力"的典型例子。像任何社会一样,美国政府希望改善其公共教育体系,提高学生的成绩。美国总统林登·约翰逊签署了《中小学教育法案》,该法案的主要目的是为公共教育提供充足的资金,使所有学生无论经济条件如何都能获得良好的教育,学校需要满足高标准的责任制的要求(编者注:根据学生成绩而定学校拨款和教员工资的教学效果考核制)。

第6课
系统错误

2001年，美国总统乔治·沃克·布什签署了《有教无类法案》，它的主要目标是在三年级到初二年级的学生中实施年度学业评估，在高中也实施一次，以确保所有学生的学业成绩达到高标准。学校的经费资助与学校在这些考试中的表现挂钩。2015年，美国总统贝拉克·奥巴马签署了《让每一个孩子成功法案》，该法案保留了许多《有教无类法案》中的条款，但是将一些对标准和责任的控制从联邦政府转移到了各个州政府。

尽管有多位美国总统、许多国会议员以及教育政策制定者都作出了努力，择校的选择也更多，评估和问责也更加完善，而且公共教育经费得到了更大的倾斜，然而美国公共教育体制仍然存在许多问题和障碍，之前的系统行为模式在很大程度上依旧没有改变。这就是产生了政策阻力。不幸的是，当我们致力于改革刑事司法系统、让人们戒掉毒瘾、减少贫困以及想为所有人提供负担得起的医疗时，都会存在政策阻力。尽管花费了大量的时间、努力和金钱来试图解决这些问题，却始终没有达到期望的结果。

切记在前面所提到的每一个系统中都有许多子系统

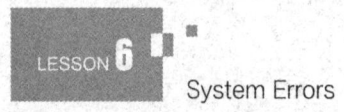

LESSON 6 System Errors

和个体参与者，他们各自从自己的视角看待行为模式和系统问题。他们都各有想要达成的目标，这些目标可能和整个系统目标完全一致，也可能并不一致。当子系统们的目标与整个系统目标不匹配时就会出现政策阻力。如果目标不一致，它们往往会相互竞争，而系统最终会被拉向多个方向，因为每个参与者或子系统都试图满足自己的需求，而没有为共同的系统目标联合。

当系统出现政策阻力时，每个人都向不同的方向努力，使系统不要离他们各自的目标太远。如此一来最终的结果是系统被卡在没有人希望停留的地方，停顿不前，始终维持着现状。

政策阻力的反作用

有时政策阻力会导致难以想象的悲剧。1967年，罗马尼亚政府认为罗马尼亚需要增加人口。虽然这个结论本身并不令人担忧，但是他们为了实现人口增长目标而实行的措施却是令人感到可怕和心碎的。

第6课
系统错误

罗马尼亚政府禁止四十五岁以下的女性堕胎。结果出生率翻了三倍,但是罗马尼亚人表现出了他们自己的政策阻力形式。尽管罗马尼亚政府三令五申禁止避孕和堕胎,罗马尼亚人的出生率却开始降低至之前的水平。想要重新掌控自己生活的女性只能诉诸危险的非法堕胎,结果导致产妇的死亡率增加了三倍。当女性生下计划之外的孩子或在经济上负担不起的孩子时,就会把这个孩子遗弃到孤儿院。政府期待他们养育多个孩子,罗马尼亚家庭知道自己负担不起,所以决定抵制这一政策,这对他们自己和那些在孤儿院长大的孩子带来了极大的伤害。[xxxii]

罗马尼亚政府强制执行的这一政策以及随后民众的抵抗导致了令人心碎的难以想象的悲剧。之后的新政府通过的第一项法律就是废除了对罗马尼亚极其有害的堕胎和避孕禁令。新的法律一直适用到今天,如今在罗马尼亚没有处方是可以买到避孕药的。

LESSON 6
System Errors

以冷静的方式应对 XXXIII

正如上文所述,对抗政策阻力的一种方式是竭力压制。这也是罗马尼亚政府采用的方式。应对政策阻力的另一个方法是放弃无效的政策,将精力和资源转向新政策。

如果你冷静下来,放下一些紧张情绪,那么你对面的人也会冷静下来。如果在系统中实现了这一点,那么你就可以停下来去研究系统的反馈了,就可能为所有参与者和子系统找到双赢的解决方案,引导系统向更积极的方向发展。

同样的例子发生在匈牙利。这个国家也在担忧人口的低出生率。然而匈牙利在解决问题时选择了冷静。他们先花时间分析了导致他们国家人口出生率低的原因。最后匈牙利政府发现拥挤的住房条件是导致家庭规模小的原因之一。于是他们制定了政策给大家庭提供更大的居住空间。因为居住空间只是出生率低的原因之一,所以该政策只取得了部分成功。XXXIV 不过显而易见,冷静的处理方式和竭力压制政策阻力的方式所带来的结果是很不一样的。

第6课
系统错误

找到一个所有人都认同的共同目标

克服政策阻力最成功的办法是找到一个方式来统一所有子系统的目标。一个让所有人众志成城的目标一定是强大的。

这样的事情我们在历史上见证过许多次,当遭遇到自然灾害或恐怖袭击时,来自世界各地的人抛开分歧,自发地凝聚在一起捐赠、哀悼和互助。我们也可以看到在战争时期,国家的所有民众团结起来支持他们的军队和经济。

一个经典的例子是20世纪30年代瑞典政府面对他们的低出生率所采取的措施。政府从提高出生率这一目标和公民的目标入手希望找到两者的共同点。最后发现虽然对于家庭规模的大小这个问题他们未必能够达成一致,但是他们都一致认为每一个生下的孩子都是他们想要的孩子,每一个孩子都应该被好好养育。瑞典人民和政府齐心协力致力于让每个孩子都得到了良好的教育和医疗。

尽管出生率很低,政府还是提供免费的避孕药具和人工流产以保证所有生下来的孩子都是想要被留下来的。瑞

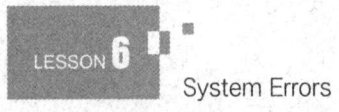

LESSON 6　System Errors

典的政策还包括加大教育和医疗投资，加强帮扶有需要的家庭，免费的产科护理及其他措施。尽管瑞典的出生率有上下浮动，但是政府和民众之间有了更多的信任感，因为他们知道他们是为了共同的目标而团结在一起，为了更上一层楼而共同为目标努力。他们放弃了个人目标，把整个系统的利益放在首位。[xxxv]

结语

可悲的是，在历史中，我们发现为了实现个体的目标而制定政策，最后导致灾难性后果的例子实在比比皆是。请稍微花点时间思考一下你所知道的例子。无论是引爆核武器带来的持久毁灭性影响还是在战争中使用化学武器导致生出畸形残缺的后代，或者即便是没有带来那么大灾难的小规模的事件，请花时间想一想，专注于目光短浅、自私的目标会如何导致难以想象的悲剧和许多意想不到的后果。

当个体参与者和子系统忽略了系统的指导目标，或系

第6课
系统错误

统缺乏明确统一的总体目标时，就会出现各种各样的权利争斗和竞争，因为每个人都想把系统储备拉向自己狭隘的目标。因为每个人都投入大量的时间和精力，试图同时把系统拉向多个方向，结果就会导致政策阻力，使系统陷入所有人都不喜欢的僵局。

尽管接下来的声明有些天真，但是我愿意这样做：如果每个人都能够放弃自己的个人目标，把努力和精力转向整个系统中更大、更重要的目标，那么就可以实现真正伟大的目标。团结在一起，支持一个大家都深信不疑的目标并且共同付诸努力是最强大的。

第 7 课
衰退中的系统
THE FALLING SYSTEMS

THE ART OF THINKING IN SYSTEMS

第 7 课
衰退中的系统

系统并不总是充满阳光和玫瑰。有时系统会发现自己陷在一个消极的循环中找不到出路。本章将审视这些消极的循环,并设法找出摆脱它们的办法。

作为一名老师,我一向被告知要对每一个学生都抱有很高的期望,因为通常我期待什么才能得到什么。从事过多年教学工作之后,我可以毫不含糊地说事实的确如此。这种智慧似乎远远超出了教学,因为它遍布人性的各个方面。

阅读经济衰退期间英国报纸上的头条新闻,会发现人们对国家的状况充满绝望。这些文章都是关于经济如何持

LESSON 7
The Falling Systems

续下滑,自然灾害困扰着整个国家,贸易和工业代表对劳动力的缺乏深感忧虑,没有人相信这个国家的政府和人民能采取措施来改变现状。整个国家的情感都不积极,报道的新闻反映了这一点。这成了一个自我应验的预言,那就是他们很难找到出路。

一些系统不是产生政策阻力,使系统停留在糟糕的状态中,而是继续下降,变得更加糟糕。这种情况被叫作"移至低绩效"。[xxxvi]

你曾经设置过减肥目标吧,但在内心深处你其实已经确信自己无法做到,你有过这样的经历吗?你很可能发现即便你已经节食了一段时间,结果体重却增加了。又或者你开始了一项新的运动计划,知道你坚持不了几周就会放弃。这些都是在衰退状态下运行的系统的例子。

在我们上面所举的例子中,参与者都有一个系统目标,参与者都会将期待的目标与当前系统实际的状态进行比较。如果系统所处的位置和目标之间存在差距,那就需要采取纠正措施。这是一个常规的平衡反馈回路,可以将系统保持在你所期望的水平。

第 7 课
衰退中的系统

但是,在我们的例子中,系统的实际运行和对系统运行的感知之间存在差异。人的天性使我们倾向于相信负面消息比正面消息多。人们通常认为最积极的结果只是侥幸,而对消极的结果念念不忘,这使我们感觉事情比实际情况更加糟糕。

最终,因为这些消极的感觉,系统为其设置的目标和标准下降了。通常系统中的参与者会这样回应:在这样的情况下,我们所做的已经和预期的一样好了,其他人也是在困境中挣扎着。人们开始找借口,结果就是预言的自我应验。

系统如何因为错误的观念而加速衰退

平衡反馈回路可以让系统保持在令人满意的水平,但现在却被一个消极的增强反馈回路压制了。对系统表现的感知越低,目标就会越低,对系统表现的期待也会降低。由于感知和期待的差距在逐渐缩小,那么自然而然采取的纠正措施也会越少。而纠正措施减少时,系统的实际运行

The Falling Systems

也会下降。如果不能打破这个负循环,系统将进入永久的衰退状态。

移至低绩效、目标的下降是逐渐发生的,所以没有发出立即需要采取纠正措施的警报。随着表现的下滑,对美好时光的回忆和相信可以重铸辉煌的信念也逐渐荡然无存。结果就是更低的期望、更少的努力和更糟糕的表现。

如何修正它们

有两个办法可以抵抗这种对目标和期望的侵蚀。第一个办法是无论系统在运行中发生了什么都绝对坚持标准。这使我想起我训练我的孩子们使用坐便器,他们的表现时好时坏,也有非常糟糕的时候,但我从来没有改变对他们的期待和目标。从他们接受训练的那一天起,我们始终不懈直到达成目标,实现了我的期待。

第二个办法是设定与过去的最佳表现挂钩的目标。这使人们对即将发生的事情产生积极的看法。当结果不佳时,人们会认为这是系统能够克服的挫折,只是暂时的,从而

第 7 课
衰退中的系统

使系统重新回归正轨，向更好的方向发展。如此一来增强反馈回路便趋向积极，并鼓励行动者再接再厉实现更好的结果。

人际关系问题也是如此

如果你发现你不断地和自己关心的人发生冲突，而不是互相交谈，找到问题的根源，那么同样的系统错误就会发生。这种情况下你处于一个消极的增强反馈回路。结果你们的冲突就会越来越多，因为这些正是你预期会发生的。

平衡反馈回路无法克服消极的增强反馈回路。如果你曾经什么都不敢说也不敢做，因为你确信这只会导致另一场争执，使事情变得糟糕，那么你就知道消极的增强反馈回路是怎么回事了。

我还记得我的岳父母要来小住的时候，我和我的妻子开始争论时间安排，然后从那时起，我们的关系很快变得每况愈下。我们因为很多事情争吵不休，比如他们逗留时

LESSON 7
The Falling Systems

的休闲娱乐计划，在此期间要如何腾出孩子的卧室来为他们安排一个更加私密的客房，准备饭菜需要额外增加的费用和时间，如此种种。然后我想我应该去做一些友好的事情，去帮我的妻子打扫房间，然而甚至这样做也会引发另一场争吵，因为当时我们陷在一个消极而且强大的负增强反馈回路中，她会认为我是在侮辱她，嫌她没把房间打扫干净。不用说那段时间是我们家最不快乐、最没有成效的日子。

我们必须都后退一步去想彼此的优点，而不是做出最糟糕的臆断。一旦意识到我们都只是在想用自己的方式去解决问题时，我们就会恢复理智，我们的关系就可以重新回归正轨。

当允许过去的表现及其消极的感觉影响我们的标准时，就相当于我们把系统设置为失败，因为我们允许它移至低绩效，并让我们的目标和期待随着它一同下降。要解决这一问题，需要在表现下降的时候依旧坚持标准，期待事情会向好的方向发展，最终去达成目标。如果我们这样做，就可以逆转过来，开始走向更好的情况。

第 8 课

升级

ESCALATION

THE ART
OF THINKING
IN SYSTEMS

第8课
升级

《韦氏词典》对"升级"一词的定义是"程度、体积、数目、总额、强度或范围的增长"。它可以非常简单,就像我的孩子说:"你打我了,等着吧,我要更狠地打回去。"然后他就趁对方不注意的时候,用更大一点的力气打了对方,然后另一个孩子就哭了。它也可以非常复杂,像两个国家领导人之间的"口水战",并最终引发真正的战争,对世界带来破坏性的影响。和世界上大多数事情一样,升级可以是积极的,也可以是消极的;可以是有益的,也可以是有害的;可以是健康的,也可以是不健康的。几乎在任何地方你都可以找到升级的例子。

LESSON 8　Escalation

就系统而言，当参与者们彼此竞争试图超过对方时，就会产生升级，这是一种增强循环。当与积极的目标比如科技的提升、寻找治愈癌症的方法等联系在一起时，升级就是一件好事。它可以加速整个系统实现目标的进程。

不幸的是，有时升级也可能是一件糟糕的事情。如果升级会侵蚀破坏系统内部的关系，甚至产生敌意，那么它会从根本上使系统减速并妨碍其实现目标。

面对竞争对手的压力，手机公司会不断进行改进和提升，也正因为如此，我们的手机变得越来越好。这显然是积极升级的实例。

在历史书中可以找到消极升级的例子。美国和苏联是冷战期间危险升级的参与者。两个国家试图争夺国际主导地位，它们竭力通过增加武器装备来战胜对方。每次当其中一方升级武器时，即便是出于自卫，另一方也会将其视为威胁，进而升级更多的武器用来自卫和威慑对方。如此往复循环，双方都希望可以压倒对方。涉及国家之间的武器和威胁，升级极有可能在全世界造成毁灭性后果。

政治运动往往是消极升级的主要实例。候选人之间

第8课
升级

不断诽谤彼此,这种情况会一直持续,直到选民们无法确定是否候选人还有可取之处,甚至不知道他们对议题持什么立场。这会破坏整个民主进程,产生严重而且持久的后果。

升级也存在于经济之中。有些商家想要通过低价销售产品来垄断市场。我们可以想象一下,榆树街上有四个热狗摊,其中有三家卖2美元一个,而第四家把价格降到1.5美元。显然价格最低的那家吸引到的顾客最多,直到大家都开始降价。这时如果第四家想要继续保持竞争优势,就必须再次降价。但是这次他需要谨慎行事,因为降价程度是有限的,如果售价低于生产热狗的成本价,就无法盈利,反而会亏损。

对商家而言,除了降低售价之外,还可以通过销售高端优质产品来获得竞争优势。例如苹果公司希望它的手机能在智能手机市场脱颖而出,于是不断致力于产品的升级创新,然后提高其手机价格,它的价格高于市场上任何一款手机。苹果公司希望让它的优质智能手机和其他手机区分开来,但后来的结果是它的竞争对手也在提高价格,并

LESSON 8 Escalation

试图让它们的产品超过苹果公司。

如果善意、志愿服务和集体意识得以传播,升级就会对社会产生积极的影响。

健身行业也有其自身的升级。新的产品不断被开发出,帮助男性和女性锻炼出更多肌肉,提高他们的力量和体质。自阿诺德·施瓦辛格以来,这个行业实现了全面复兴。

不管是什么情况,只要涉及升级,那就不仅仅是为了跟上对方,而是要超越对方。

什么时候结束

升级是一个增强反馈回路。竞争会很快达到极限,这时除非循环被打破,否则就会使参与的一方或双方到达极限的断裂点,增强反馈回路所提供的指数增长无法继续保持下去,结果就是一个痛苦的结局。

摆脱升级循环的一个办法是有意降低你的系统的储备或业绩表现,并尝试影响竞争对手也这样做。这可能是有风险的,因为竞争对手很可能会拒绝,但是如果你能承受对手在短时间内的优势,那这个办法就能够奏效。

另一种结束升级的办法是与竞争对手就一个"裁军"协议进行谈判。这需要对系统的结构和设计做出重大改变,你需要创建新的平衡控制回路来限制竞争对手。要达成这样一个协议绝非易事,这样做给参与的双方都带来了挑战,但是从长远来看,这些挑战肯定比陷入升级循环好。[xxxvii]

现在不妨想一想在我们的生活中所遇到的升级情况。它或许是你的人际关系、健康状况或者你在职场中的一部分。也可以想一想你在生活中所目睹的或从历史中所学到的例子。

当一个参与者努力超越另一个参与者的表现,就会产生一个增强反馈回路。升级可能会推动系统向前使其接近目标,或者会产生负面影响妨碍系统进步。你不可能一直维持指数增长的升级,如果循环不被打破,一方或双方将达到其自身极限的断裂点。

摆脱这个陷阱最好的办法是防患于未然。但是如果你发现自己已经陷入了不断升级的系统,你可以通过单方面"裁军",打破增强反馈回路或者谈判建立新体系的方法来

LESSON 8 Escalation

退出竞争。

　　回想一下之前你在生活中发现的那些升级的例子,现在你能在升级循环变得有破坏性之前找到方法全身而退并结束这些循环吗?

第 9 课

有钱人为什么会越来越有钱

WHY DO THE RICH GET RICHER

THE ART
OF THINKING
IN SYSTEMS

第9课
有钱人为什么会越来越有钱

倘若你和大多数人一样,你一定不止一次地想过这个问题:"有钱人为什么会越来越有钱?"本章将深入探讨这个由来已久的问题,看看能否找到答案来满足我们的好奇心。

那些经济宽裕的人经常会利用他们所拥有的财富和特权来得到内幕消息、特殊或更多的知识,这反过来又可以帮他们获得更多的金钱、特权和内幕消息。竞争性排斥是一个系统陷阱。当有人赢得竞争时会发生什么呢?这个人会得到奖励。这种奖励——金钱、装备、获得权限等——可以增强获胜者的竞争力,使他在下一次的竞争中表现更

LESSON 9 Why Do the Rich Get Richer

好,更容易获胜。于是这就形成了一个增强反馈回路,使强者恒强,弱者恒弱。

著名的桌游——"大富翁"——是怎么玩的呢?每一个玩家在公平的游戏环境中开始游戏,但是一旦玩家开始在棋盘上积累地产,一切就会发生改变。玩家控制了地产之后就会建造旅店,并向其他进入他们地产的玩家收取租金。然后再用这笔资金去购买更多地产,建造更多旅店。这样一来其他玩家只能望尘莫及,极大增加了拥有旅店的玩家赢得比赛的可能。

现在我们再来看看美国的大学橄榄球队。他们每年在季后赛中角逐冠军,最后有四支队伍进入决赛互相对抗。在过去的几年里,它似乎成了由少数几支球队建立起来的王朝,因为每年打入决赛的都会是固定的那两三支球队。随着这些大学橄榄球队赢得比赛,作为奖励,他们会得到在电视上更多的转播时间,电视转播时间的增加为他们扩大了球迷基础,也带来了更多收入,并为球队吸引了更多新成员。随着球队知名度越来越高,他们可以通过门票销售和更多捐款来赚到更多的钱。这使他们可以聘请最优秀的教练，在学校建造最好的设施。所有这一切又反过来吸引最好的球员加入他们，这就增加了他们继续获胜和成功的可能。增强反馈回路已经在他们的系统中形成和巩固。

在自然界中也可以看到同样的例子。竞争性排斥原理告诉我们：两个不同的物种不可能同时生活在完全相同的生态位上，彼此竞争相同的食物和资源。当两个物种不同时，其中一个物种能够比另一个物种更快地繁殖或更有效地利用资源。这使该物种比另一个物种具有优势，因为它将开始增加数量，并继续占据支配地位。具有优势的物种不需要与另一物种竞争。它可以将所有可用资源消耗殆尽，这意味着实力更弱的物种得不到任何资源。那么该物种只能要么离开，利用不同的资源去适应，要么灭绝。[xxxviii]

来自"另一方"的警告

德国经济学家和哲学家卡尔·马克思在目睹资本主义

LESSON 9 Why Do the Rich Get Richer

的问题之后发展了共产主义学说,他认为如果放任自流,市场竞争自身实际上会消除市场竞争。他对资本主义持有强烈批判的态度,因为他指出当存在两个竞争企业时,其中必然会有一个因为拥有更高的效率、更好的技术以及能够做出更明智的投资选择而获得优势。这种优势将带来更多的资金,然后再用于投资企业及其设施和技术。如果没有政府的介入,任由这种增强反馈回路持续下去,占据优势的公司将迅速垄断市场,消除所有竞争。

我们在美国看到了马克思的预言。美国的汽车制造商已经减少至三家(反托拉斯法使其避免减少至一家),许多大城市只有一份报纸,这样的例子不胜枚举。电视、互联网和电信供应商在继续合并,而政府始终保持警觉,密切关注这些公司,防止任何一家公司变得太过庞大和强大以至于迫使所有其他竞争对手破产。

从另一面来看同样如此,穷人也会变得越来越穷。贫困的孩子只能接受最差的教育,继而只能得到最差的工作和收入。他们的贫穷在每个阶段只会变得雪上加霜。因为没有太多钱,他们要么无法获得贷款,要么必须向有钱的

第9课
有钱人为什么会越来越有钱

富人支付远高于正常比例的高额利息。这使穷人无法像富人那样进行投资并改善它们的未来。低收入的人往往无法拥有自己的住房,要向有能力购买房产的人交房租。房客们供养着房东,房东得到稳定的收入来源,或者这些钱足以买下新的公寓又可以租给更多的人。朋友们,这就是现实版的大富翁游戏。

穷人往往将收入的很大一部分花在税收和医疗上。而有钱的个人和公司可以请律师帮他们找到税法的漏洞,从而并不用支付与他们收入相当的税收。他们还可以游说政府更加维护他们的利益,并获得减税。

人们在批量购买物品时通常会有优惠,而穷人负担不起这种大宗购买,只能支付更高的单价。穷人往往比其他人更容易遭受污染和疾病的折磨,他们通常只能选择危险的低收入工作,或住在犯罪率高的地方,他们别无选择,增强反馈回路越来越强,经过一代又一代,这种循环在社会中日益根深蒂固。

LESSON 9 Why Do the Rich Get Richer

如何突破"富者愈富"这一陷阱

有时候通过迁移、适应和进化来逃脱竞争性排斥是有可能的。企业可以通过新产品和新服务实现多样化。如果有其他反馈回路（比如反托拉斯法）来阻止任何一家企业完全接管市场并且驱逐所有竞争对手，那么"富者愈富"这种现象是可以得到控制的。

按下"重置"键，重新安排场地或设置规则也是停止循环的一个选择。例如在高尔夫比赛中，较弱的选手会获得一些有利条件。在大富翁游戏中，新的游戏是全新的起点，所有玩家又都可以平等地开始。为弱势学生提供的择校和奖学金可以让一些人获得进入最好学校的平等机会——尽管只有少数幸运儿。让富人缴纳比穷人高的税率，让人们向慈善组织捐款，社会福利系统，职场上的各种工会，医疗和奖学金方面的援助等，这些都是许多社会为应对这一系统陷阱所采取的措施。

多样化可以提供一个更换游戏的机会，并且可以让那些正在经受失败的人再次恢复竞争力。制定反托拉斯法，

第 9 课
有钱人为什么会越来越有钱

防止一个企业完全消除所有竞争。设法限制强势者的权力，并通过工会、奖学金或财政帮助那些弱势者。确保给竞争胜利者的奖励不会影响他们在未来的成功概率，这些都是使系统摆脱"富者愈富"这一陷阱的解决方案。

第 10 课

人际关系中的系统思维

SYSTEMS THINKING IN RELATIONSHIPS

THE ART
OF THINKING
IN SYSTEMS

第 10 课
人际关系中的系统思维

既然我们已经理解了系统思维的基本概念，那么显然人与人之间的关系，尤其是两性关系，就不能简单地用因果关系来分析了。在人际关系中所发生的事情要复杂得多，我会运用之前章节所学的内容帮你分析，希望能真正解决你的实际问题，而不是仅仅处理症状。

虽然我们了解到因果思维有时的确很有帮助，但是用它来处理人际关系，结果可能会不尽如人意。在人际关系中，当我们从因果的角度思考时，我们会看到一些我们并不喜欢的东西并寻找其原因。当事情没有向我们期望的方向发展时，我们很容易去指责对我们来说最重要的人。当

LESSON 10 Systems Thinking in Relationships

我们把问题的根源归咎于我们的爱人时，可能会让我们对自己的爱人产生蔑视。

试图把多个事件归咎于相同的原因是人类的天性。因为这样就会容易得多。我们可能想知道为什么孩子不能表现得更好，为什么我们在财务上很费劲地实现收支平衡，为什么我们的生活不像之前那样快乐、无忧无虑。幸好如果我们把这种因果思维转变成系统思维的话，就能克服寻找受害者或坏人的倾向。

我们知道在系统思维中引起事件的原因往往不止一个。比如，事件A可能引起事件B，而事件A的产生也另有原因。通常会存在一个增强反馈回路表明B甚至也在某种程度上导致了A。系统思维并不简单，但是这种复杂的思维能够帮我们更好地应付复杂的关系。当我们武断地指责某些人或事的时候，我们对他们的蔑视就在增加。

约翰·戈特曼博士是一名心理学荣誉教授，他在研究婚姻稳定性方面很有威望，他对离婚的预测至少能达到90%的准确率，他提出警告说蔑视是摧毁人际关系的四大情感因素之一。

第10课
人际关系中的系统思维

四骑士

戈特曼博士在分析即将破裂的婚姻时使用了《启示录》中四骑士的隐喻，它们标志着新约时代的结束。这四个骑士分别代表征服、战争、饥饿和死亡。在人际关系中，戈特曼博士使用隐喻展现出四种沟通模式，他认为这四种模式会导致离婚或某种人际关系的终结。[xxxix]

第一名骑士是批评。批评不是让对方对某一问题提高关注，表达抱怨，它是你如何看待你的伴侣，是经常让他们感受到打击和拒绝，这会导致深深的伤害。如果批评越来越多，越来越强，就会给别的问题打开大门，甚至会有更多带来问题的骑士趁虚而入。

第二名骑士是蔑视。以轻蔑的方式沟通是心胸狭隘的表现，会使对方感到没有被爱和重视。它通常表现为刻薄的挖苦和嘲笑，这会非常伤人。戈特曼博士认为蔑视是预示婚姻走向结束的最大因素，因为它暗示着负面情绪的长期恶化。

第三名骑士是防御。当我们感觉受到我们认为重要的

LESSON 10 Systems Thinking in Relationships

人的不公平对待时，我们就会展开防御，我们想出各种各样的理由和借口让他们不要再这样做。结果却让对方认为这是对他们所关心的问题的否定，是将责任转嫁给他们的一种方式，这只会进一步促进消极的循环。

最后一名骑士是漠视。当一方不与另一方交流、拒绝倾听和进一步互动的时候，漠视就产生了，这使得沟通成为不可能。为了让关系复活，我们必须消除以上四种可怕的沟通方式，代之以更加积极的方式。

系统思维的救援

在人际关系的问题中，系统思维让我们不再感到无助和无望。简单的因果思维会使我们在刚一开始吵架或者意见不合的时候，就认为我们的关系已经到了崩溃的边缘，我们被越来越多的争吵所困扰，并且开始寻找理由，进而觉得我们的伴侣是不是爱上了旁人，不再认为我们有魅力，或者已经不再爱我们。这会导致一种绝望的情绪，尤其当我们做出更多的努力而我们心中最重要的人却看不到或忽

第10课
人际关系中的系统思维

视的时候，这又会导致更多的失望和争吵。

当我们停下来转而使用系统思维时，我们就重新恢复了力量，又看到了希望。如果把我们的关系看作系统和储备，那么伴侣双方就是反馈回路。我们会寻找最近可能发生的任何改变并分析系统动态是否已经改变。

通常在一种关系中，总会有一方比另一方的投入更多。在理想的状况下，这些角色会发生改变，比如当一方感到沮丧时，另一方会给予支持和鼓励。用系统思维的术语，就是一方会占据主导的反馈回路，这个主导地位会反复在双方之间切换。我们的目标是看待彼此之间的关系，并确定主导地位是否发生了切换。

或许也有外部的反馈回路影响着整个系统。也许是工作上的问题，或者是沟通上的困难。

关系和系统都会随着时间的变化而变化，这种变化是必然的。然而变化发生时我们可能不会始终都能察觉到，而且通常变化对我们的影响在一开始时可能也并不明显。在健康的关系中，双方都能理解变化是必然的，双方都不可能是最初的样子。聪明的一方会接受变化，同时保持自

LESSON 10 — Systems Thinking in Relationships

己反馈回路的动态。

如果这些动态发生改变,并且变得负面,你的伴侣就会感到不被支持,被误会进而导致冲突发生。你对伴侣的实际理解程度和你伴侣期望获得的理解之间总是有条鸿沟。意识到这条鸿沟并且去弥合它是至关重要的。否则它只会随着每次争吵而加宽,你的增强反馈回路则会总是关注负面的东西,伴侣之间的关系就会变得痛苦并开始走向破裂。

随着时间发生变化的关系

在一段关系的不同阶段,你的身体会释放出不同的化学物质和信息素。一段关系所处的阶段是一个重要的因素,有时候仅仅是蜜月期结束可能就会产生一系列问题。

系统思维能够让你真正看清楚你自己和你们的关系这幅复杂景象的全貌。它会让你们意识到就你们的关系而言,不仅仅是两个反馈回路在影响关系的储备。许多反馈回路都在同时运转,所有这些因素都会影响你的储备。

第10课
人际关系中的系统思维

加强你对这些反馈回路及其所扮演角色的认识,可以提高你客观看待事物的能力,使你清晰地了解系统中正在发生着什么。

随着一段关系经过了一些时间后,一些有影响的因素会消失。蜜月期结束后,你需要找一些别的事情来代替蜜月期,主动创造机会加强你们之间的亲密,例如晚上的约会,这大有裨益。

当你从系统的角度来看待你们的关系时,就会大大减少以带个人情绪处理事情的倾向,减少消极和指责。你会意识到不应该凡事出错了都去指责你的伴侣,在系统动态中还有很多小的变化也在产生作用,对系统产生了影响。

不再带个人情绪,意味着我们可以更有效地找到问题解决方案,我们能更好地发现关系中出现的裂痕,并进行修复,我们能够找寻真正的问题并去解决它,我们不再自动地假设更坏的情况,作出错误的结论。

切记,没有哪个伴侣应该为所有出错的事情负责。尽力培养一种有弹性并且可以面对任何风暴的关系,这比仅仅培养一段稳固的关系要有益得多,因为我们都知道在生

LESSON 10 Systems Thinking in Relationships

活中唯一不变的事情就是变化本身。

所有的事情无外乎三种类别：身体上的、精神上的和情感上的

内部因素和外部因素始终都在起作用，影响着我们的生活和我们自己。从内部来讲，身体因素包括我们的健康、营养和锻炼。从外部来讲，身体因素应该包括我们周边的自然环境，比如污染或健康食品。在我们的关系中，我们需要确保关系双方的身体需求可以得到满足和滋养。

在影响我们关系的精神因素中，我们需要确保自己不要把所有沮丧情绪都发泄到我们的另一半身上。我们必须发现问题的真正根源所在，进而找到长期的解决方案。请记住我们的信仰、自我意识、思考模式、性格类型、生活经历、政治倾向和自我反省的能力，所有的这些都会或多或少影响我们的关系。在我们共同的关系系统运转良好之前，我们自身的个人系统必须运转良好。

对于关系中的情感因素，我们需要注意我们与对方沟通的方式，我们是否积极地影响着对方，是否在努力满足

第 10 课
人际关系中的系统思维

对方爱的语言的需求，以及我们是否愿意投入时间和精力将维护我们的关系作为头等大事，比如安排约会。在我们的关系中起作用的外部情感因素可能包括我们周围的其他人，比如双方的家人、朋友、孩子、兄弟姐妹和同事们。

花几分钟写下在身体、精神和情感方面影响你的因素，包括内部因素和外部因素。仔细想一想你认为你在各方面做得怎么样。如果你在某个方面吃力，那就尽力去找出原因，仅仅责备你的伴侣是不真诚的，也是不公平的。回顾一下系统思维的流程。这是一个规划你的人生以及追求你真正想要的东西的绝佳机会。

从我弟弟和弟妹的例子中可以得到一些借鉴。他们几年前也经历过一段非常紧张的时期。我弟弟耗费在工作上的时间很多，我弟妹开始抱怨他、责备他，认为他在身体上和情感上忽略了她和他们的三个儿子。他回到家时只想放松，但是迎接他的却是太太一脸的不高兴和不停的唠叨，所以他责备他太太夺走了他们婚姻最初开始时的欢乐。他们忘记了他们彼此最初的相爱，然后离婚了。他们分开几年之后，各自做了自我反省，他们认为互相责备只能适得

LESSON 10 Systems Thinking in Relationships

其反,实际上引发他们对婚姻感到不满的还有很多事情。他们去咨询机构咨询,想尽力找到问题的根源,他们慢慢学习并最终决定再给予彼此一次机会。他们现在复婚已经很多年了,生活得很快乐。

伴侣之间出了问题并不一定就会走到尽头,事实上,这有可能是另一个良好的开端,我们只需要花些时间去找到长期的解决方案。

第 11 课

系统思维的关键启示

KEY TAKEAWAYS FROM SYSTEMS THINKING

THE ART
OF THINKING
IN SYSTEMS

第11课
系统思维的关键启示

　　系统思维对于看待我们自己、我们的事业、我们的关系和我们周围的世界来说是一个全新的方式，是我们更加传统的思维模式的一种转换，它能很好地指导我们的人生观，帮助我们分析生活中的方方面面。它会让我们意识到在生活中我们所做的每一个选择都可能会产生意想不到的后果，所以需要认真谨慎地思考。

　　系统思维的核心是以观察数据和事件开始，寻找随着时间变化而产生的行为模式，解密行为背后的真正驱动力，研究并改变那些不再有利的结构，用我们的好奇心打开解决各种不同问题的大门，创造各种可能性，最终我们能够

LESSON 11 — Key Takeaways from Systems Thinking

足够勇敢地去选择最好的而且长期有效的解决方法,而不是仅仅进行修复或选择最受欢迎的方式。

为什么要使用系统思维

知识就是力量,我们知道得越多,就能做得越好。当我们用新的方式看待问题时,系统思维延伸了我们的思考,打开了我们多角度观察问题的大门。我们做出选择是基于更多的信息,并且知道世间没有完美的选择,我们所做出的每一种选择都会影响到系统的其他部分,因为一切都是相互关联的。系统思维让我们意识到我们所有的选择的影响,使我们在能力范围内全力以赴,尽力地避免负面结果的产生。

什么时候应该使用系统思维

系统思维在帮助我们解决各种不同的复杂问题时非常有效。如果你担心的事情很重要,如果它重复发生过多次,有历史数据可以研究和分析,尽管人们已经尽力解决问题,却始终进展甚微或无济于事,那么系统思维就是最佳的选择。

如何使用系统思维 [1]

从提出新的问题开始。面对问题时,人们倾向于去指责。这种方式很快速、容易,且让我们感觉更好。"精神病"有一个定义是"不断重复地做一件事情却想要得出不同的结果"。尽管关于这句话的出处有所争议,但它为我们提供了对系统思维的重要见解。我们需要不再去指责,而是去问一些更具挑战性的问题,诸如:我们忽视了什么?我们对问题有什么不理解的地方?

当你开始系统性分析时,你就完全有可能揭露隐藏在冰山下的数据和信息。不要仅仅局限于检查发生的事件本身,同时还要留意行为模式以及随着时间推移推动这些行为模式的结构,你会发现很多隐藏在表面下的信息。

确保与系统中的每个人进行沟通,这样才能了解他们

LESSON 11 Key Takeaways from Systems Thinking

的所有观点。刚开始每个人都会从不同的角度看待问题。只有乐意倾听所有的观点,你才能了解事情的本质核心。一旦收集到你需要的所有信息,就可以将你的发现传递给每个人,这样你们就有可能达成共识,一同前进。

如果你想以图示的方式展示某个问题,以便以一种全新的方式去看待这个问题,那么可以从因果回路图开始。从简单的小事开始,保持问题的简单化。然后在需要的时候往图中加入更多的要素。保持这个图可以拆成小的部分,但不要增加过多的细节,以免使因果回路图变得过于复杂(尤其是那些完全超出了你的控制范围或者对问题无关紧要的细节)。我们希望因果回路图可以揭示我们之前所忽视的系统组成部分之间的关联。尽量不要纠结于你所画的因果回路图正确与否。

从系统思维中得到的启发

我们可以从系统思维中得到许多启发,即使只是几个小小的启发,如果你能将它运用到你的日常生活中,你一

第11课
系统思维的关键启示

定会有意想不到的满意收获。

通常我们认为系统的失败仅仅是因为它们没有按照我们所认为的方式运转。事实上，系统可能正在按照它自身的规律运转。我们需要看到系统运行得好的地方，然后再看它是如何设计的。如果我们想要系统以不同的行为方式运转，只需要改变它的设计来帮助它满足新的目的。在我们的生活中，如果我们去面试工作而没被录取，我们就会认为我们失败了。但是从另一面来说，我们也可以把这次面试看作一次提高我们技能的机会，这样我们就能够为下一份的工作做出正确的准备。

当我们尽力去解决问题的时候，我们常常会错误地认为问题是孤立发生的。事实上，问题和系统一样都是相互关联的。例如，如果看到果园中蔬菜的长势没有达到预期，我们就会想当然地认为是水浇得不够，这有可能只是一方面的原因，或许还有其他原因，比如土质、阳光不充分、种子的优劣、生长季的长度、平均温度、虫害和海拔高度，或者还有更多的原因。当我们面对使人气馁让人绝望的问题时，不妨以一种开放的心态去思考多种解决方法，这样

LESSON 11 Key Takeaways from Systems Thinking

我们才能坚持下去。

系统的反馈给我们提供了十分宝贵的学习机会。我们应该坚持寻求在日常的经历中获取知识。这将有助于提高我们的分析能力和意识，使我们更有能力对我们遇到的系统进行评估和判断。

有一点特别重要，我们要时刻铭记在心，一旦我们将反馈运用到系统中，总是会有延迟。我们不可能希望事情发生瞬间就会得到反馈结果，事实上如果我们没有考虑到那些不可避免的延迟，我们就会错误地认为需要额外的干涉，而事实上我们所实施的措施只需要时间就会自然发生并产生结果。我们应该避免泄气和放弃，应该坚持让事情做完，毕竟最好的事情总是属于那些善于等待的人。

如果我们不用系统思维来解决复杂的问题，就有可能会将一个艰难的处境变得更糟糕。当我们急于找到事情的原因，而没有仔细系统地思考行为模式和事情彼此之间的联系时，我们可能只是忙于事情的表象，而非问题的根源，这会导致我们看不到我们的决定所带来的我们不想要的结果。系统思维能够帮助我们把潜在的负面结果缩减到最小

第 11 课
系统思维的关键启示

或者完全避免。

我们都曾经听到我们的父母不断告诫我们要从他们的错误中吸取教训,而不要重蹈覆辙。很多情况下系统思维也是相似的,我们今天亲身经历的行为和事件早就在之前不同的系统中出现过。通过观察反馈回路的相似模式和延迟(这是我们反复看到的),我们能够更快地发现我们当前系统中的主导行为模式。认识到在我们的生活中事件是如何发生的,并对比我们以前所遇到的,能够赋予我们解决问题的智慧和勇气,因为我们知道我们已经拥有了可以支持我们的经验。

在我们的生活和职业领域,系统思维最关键的就是要保持开放的心态。如果我们对一切可能持开放态度,最好的解决方案一定就会悄然而至。

一个最好的系统思维例子

每一个涉及人的系统都一定会有错误,因为人无完人,不可能有人从来不犯错误。医疗系统也不例外。美

LESSON 11　Key Takeaways from Systems Thinking

国国家卫生研究院发布了一份名为《犯错是人之常情》的报告，调查了医疗领域中的错误。以下是该报告的一些发现。

医疗保健系统一直在研究为什么专业的医疗人员会犯错。直到最近的几十年，人们的注意力一直在犯错的人身上。将责任推给那些犯错的医生和护士，并对他们实施惩罚，希望可以防止未来再犯错。

最近在分析医疗错误时，人们的思维发生了改变。医疗保健系统发现，评估系统中导致错误产生的那些失败之处对防止未来出现类似错误有更大的帮助，而不应该仅仅把责任归咎于个人。与其追究责任，不如找到改善系统和做出积极的决定来防止有潜在生命威胁的错误再次发生。

当出现错误时，去分析系统中的一切，从药物标签的标示到是否有工作人员负责的病人过多而超负荷工作，是否安排了过多的工作时间，医生下达的指令是否清晰易懂，以及更多的影响因素。人们往往会发现错误在显现出来之前就已经发生了。

医疗保健系统相信他们的员工是把帮助病人摆在第一

位的，但是也能理解他们是人，所以注定会犯错。他们决定创造一个更安全而且更免责的环境来鼓励员工诚实地报告错误。他们认为从错误中吸取教训和改进制度比惩罚更重要。系统思维帮助制定了诸如报告错误的系统、必须遵循相关程序的检查清单，以及为确保病人安全的标准操作指南。

  系统思维是一种强大的思维方式。如果我们对它所提供的所有益处和教训敞开大门，那么它就有巨大的潜力可以在很多方面影响我们的生活。

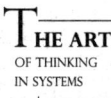

结 语

系统思维是从我们所熟悉的其他传统思维方式转变过来的思维模式,在生活中我们可能已经太过舒适和自满地依赖那些传统思维方式。当我们开始将系统思维灌输到我们的生活中时,回顾其中一些最重要的部分会对我们大有裨益。

· 在系统中,所有事物都是相互联系的。它是关于各部分之间的关联是如何影响整个系统。改变其中一个部分将会影响整个系统。

· 每个行为和决定都会产生意想不到的结果,所以花点时间仔细分析一个系统,而不是匆匆忙忙去找到快速简

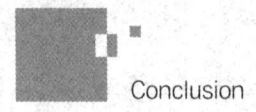
Conclusion

单的方法，这一点很关键。

·如果你想要改变一个系统，改变其中彼此之间的关联和功能要比改变组成要素有效得多，改变规则和关联最终往往会创造一个全新的系统。

·深入并以开放的心态多角度观察问题，将会增加持续有效地解决问题的可能性。

·如果我们想要找到最好的解决方案，那就花时间去研究，通过提出新的问题来寻求更深入的理解，审视系统的行为模式。这些对于我们解决复杂的问题将至关重要。

·对于系统思维者来说，没有最终的确定答案，一个答案往往是一个新问题的开始。

系统思维对于我们自身反省，审视我们的事业和关系，以及整个我们周围的世界都是一种全新的思维方式。它让我们意识到有时我们所做的决定会有意想不到的结果，所以值得我们深思熟虑。

知识就是力量，我们懂得越多就会做得越好，系统思维延伸了我们的视野，提高了我们的认知，让我们以不同的方式去找出尽可能多的解决办法。我们能够做出更多的

结 语

选择，也知道没有一种选择是完美的，每一种我们尝试的机会都是相互关联的，因为整个系统内部都是互相联系的。

系统思维不是人类的天性，而是主动学习的结果，它不会轻而易举地产生，而是需要长时间的实践练习，只有这样我们才能成为系统思维者，我不能保证它很容易，但我敢说再困难它也是值得的。

我希望你能拥有系统思维并拥有更多的成功，总有一日你会解决世界上最复杂的难题。

史蒂文

参考文献

卡琳·安德森:《瑞典反避孕法1910—1938——展示了赞成避孕的支持者如何倡导变革》,隆德大学,2012年。
http://lup.lub.lu.se/luur/download?func=downloadFile&recordOld=3053058&fileOld=3053061

迈克尔·亚瑟、德米安·萨弗:《系统思维和水循环》,犹他州州立大学,2017年。
https://www.eeducation.psu.edu/earth111/node/1028

爱德华·德·博诺博士:《水平思考》,2016年。
https://www.edwdebono.com/lateral-thinking

References

迈克尔·古德曼：《系统思维——什么、为什么、何时、何地、如何》，2016年。

https://thesystemsthinker.com/systemsthinking-what-why-when-where-and-how/

阿加塔·伊格纳西克：《有害的干预：关于波兰堕胎政策的论述》，塞姆网络。

https://ceehmnetwork.wordpress.com/tag/1950s/

艾丽·李斯蒂莎：《四骑士——批评、蔑视、防御和漠视》，戈特曼研究院，2013年。

https://www.gottman.com/blog/the-fourhorsemen-recognizing-criticism-contemptdefensiveness-and-stonewalling/

亚伦·林恩：《系统思维》，2011年。

http://www.asianefficiency.com/systems/systems-thinking/

唐娜·H.梅多斯：《系统思考》，厄斯坎出版商，2008年。

参考文献

吉姆·奥霍夫、迈克尔·沃尔切斯基：《跃入系统思维》，2016年。
https://thesystemsthinker.com/making-the-jump-to-systems-thinking/

《批判思维技巧》，2017年。
https://www.skillsyouneed.com/learn/criticalthinking.html

温德尔·斯蒂文森：《齐奥塞斯库的孩子》，卫报，2014年。
https://www.theguardian.com/news/2014/dec/10/-sp-ceausescus-children

约翰·D. 斯特曼博士：《在复杂的世界中从证据中学习》，美国国家生物技术信息中心，2006年。
https://www.ncbi.nlm.nih.gov/pmc/articles/PMC1470513/

《事件导向思维》，2017年。
http://www.thwink.org/sustain/glossary/

References

EventOrientedThinking.htm

《系统思维》, 2014年。
http://www.thwink.org/sustain/glossary/SystemsThinking.htm

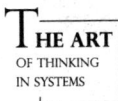

尾 注

Ⅰ 亚伦·林恩:《系统思维》, 2011年。
http://www.asianefficiency.com/systems/systems-thinking/

Ⅱ 《系统思维》, 2014年。
http://www.thwink.org/sustain/glossary/SystemsThinking.htm

Ⅲ 迈克尔·亚瑟、德米安·萨弗:《系统思维和水循环》, 犹他州州立大学, 2017年。
https://www.eeducation.psu.edu/earth111/node/1028

Endnotes

Ⅳ 唐娜·H. 梅多斯:《系统思考》, 厄斯坎出版商, 2008年。

Ⅴ 《事件导向思维》, 2017年。
http://www.thwink.org/sustain/glossary/EventOrientedThinking.htm

Ⅵ 爱德华·德·博诺博士:《水平思考》, 2016年。
https://www.edwdebono.com/lateral-thinking

Ⅶ 《批判思维技巧》, 2017年。
https://www.skillsyouneed.com/learn/criticalthinking.html

Ⅷ 《系统思维》, 2014年。
http://www.thwink.org/sustain/glossary/SystemsThinking.htm

Ⅸ 《系统思维》, 2014年。
http://www.thwink.org/sustain/glossary/SystemsThinking.htm

X 《系统思维》, 2014年。

http://www.thwink.org/sustain/glossary/SystemsThinking.htm

XI 《系统思维》, 2014年。

http://www.thwink.org/sustain/glossary/SystemsThinking.htm

XII 《系统思维》, 2014年。

http://www.thwink.org/sustain/glossary/SystemsThinking.htm

XIII 《系统思维》, 2014年。

http://www.thwink.org/sustain/glossary/SystemsThinking.htm

XIV 吉姆·奥霍夫、迈克尔·沃尔切斯基:《跃入系统思维》, 2016年。

https://thesystemsthinker.com/making-the-jump-to-systems-thinking/

Endnotes

XV 吉姆·奥霍夫、迈克尔·沃尔切斯基:《跃入系统思维》, 2016年。

https://thesystemsthinker.com/making-the-jump-to-systems-thinking/

XVI 吉姆·奥霍夫、迈克尔·沃尔切斯基:《跃入系统思维》, 2016年。

https://thesystemsthinker.com/making-the-jump-to-systems-thinking/

XVII 吉姆·奥霍夫、迈克尔·沃尔切斯基:《跃入系统思维》, 2016年。

https://thesystemsthinker.com/making-the-jump-to-systems-thinking/

XVIII 吉姆·奥霍夫、迈克尔·沃尔切斯基:《跃入系统思维》, 2016年。

https://thesystemsthinker.com/making-the-jump-to-systems-thinking/

XIX 吉姆·奥霍夫、迈克尔·沃尔切斯基:《跃入系统思维》，2016年。

https://thesystemsthinker.com/making-the-jump-to-systems-thinking/

XX 吉姆·奥霍夫、迈克尔·沃尔切斯基：《跃入系统思维》，2016年。

https://thesystemsthinker.com/making-the-jump-to-systems-thinking/

XXI 吉姆·奥霍夫、迈克尔·沃尔切斯基：《跃入系统思维》，2016年。

https://thesystemsthinker.com/making-the-jump-to-systems-thinking/

XXII 吉姆·奥霍夫、迈克尔·沃尔切斯基：《跃入系统思维》，2016年。

https://thesystemsthinker.com/making-the-jump-to-systems-thinking/

XXIII 吉姆·奥霍夫、迈克尔·沃尔切斯基：《跃入系统思维》，2016年。

Endnotes

https://thesystemsthinker.com/making-the-jump-to-systems-thinking/

XXIV 吉姆·奥霍夫、迈克尔·沃尔切斯基：《跃入系统思维》，2016年。

https://thesystemsthinker.com/making-the-jump-to-systems-thinking/

XXV 吉姆·奥霍夫、迈克尔·沃尔切斯基：《跃入系统思维》，2016年。

https://thesystemsthinker.com/making-the-jump-to-systems-thinking/

XXVI 唐娜·H. 梅多斯：《系统思考》，厄斯坎出版商，2008年。

XXVII 唐娜·H. 梅多斯：《系统思考》，厄斯坎出版商，2008年。

XXVIII 唐娜·H. 梅多斯：《系统思考》，厄斯坎出版商，2008年。

XXIX 唐娜·H. 梅多斯：《系统思考》，厄斯坎出版商，2008年。

XXX 唐娜·H. 梅多斯：《系统思考》，厄斯坎出版商，2008年。

XXXI 约翰·D. 斯特曼博士：《在复杂的世界中从证据中学习》，美国国家生物技术信息中心，2006年。
https://www.ncbi.nlm.nih.gov/pmc/articles/PMC1470513/

XXXII 温德尔·斯蒂文森：《齐奥塞斯库的孩子》，卫报，2014年。
https://www.theguardian.com/news/2014/dec/10/-sp-ceausescus-children

XXXIII 唐娜·H. 梅多斯：《系统思考》，厄斯坎出版商，2008年。

XXXIV 阿加塔·伊格纳西克：《有害的干预：关于波兰堕胎政策的论述》，塞姆网络。

Endnotes

https://ceehmnetwork.wordpress.com/tag/1950s/

XXXV 卡琳·安德森:《瑞典反避孕法1910—1938——展示了赞成避孕的支持者如何倡导变革》,隆德大学,2012年。
http://lup.lub.lu.se/luur/download?func=downloadFile&recordOId=3053058&fileOId=3053061

XXXVI 唐娜·H. 梅多斯:《系统思考》,厄斯坎出版商,2008年。

XXXVII 唐娜·H. 梅多斯:《系统思考》,厄斯坎出版商,2008年。

XXXVIII 唐娜·H. 梅多斯:《系统思考》,厄斯坎出版商,2008年。

XXXIX 艾丽·李斯蒂莎:《四骑士——批评、蔑视、防御和漠视》,戈特曼研究院,2013年。
https://www.gottman.com/blog/the-fourhorsemen-recognizing-criticism-contemptdefensiveness-and-stonewalling/

XL 迈克尔·古德曼：《系统思维——什么、为什么、何时、何地、如何》，2016年。
https://thesystemsthinker.com/systemsthinking-what-why-when-where-and-how/